跟着电网企业劳模学系列培训教材

配电线路施工

国网浙江省电力有限公司　组编

中国电力出版社
CHINA ELECTRIC POWER PRESS

内 容 提 要

本书是“跟着电网企业劳模学系列培训教材”之《配电线路施工》分册，采用“项目—任务”结构进行编写，以劳模跨区培训对象所需掌握的专业知识要点、技能要点、典型案例三个层次进行编排，包括稀有绳结的用途及打法、钢丝绳套的制作、固定式组立电杆、配电线路的定位及测量、拉线制作与安装、裸导线的连接处理、绝缘导线的压接处理、利用绳索救援高空伤员八个方面。

本书可供配电线路施工人员学习参考。

图书在版编目（CIP）数据

配电线路施工 / 国网浙江省电力有限公司组编 . —北京 : 中国电力出版社，2019.9

跟着电网企业劳模学系列培训教材

ISBN 978-7-5198-3681-8

Ⅰ. ①配… Ⅱ. ①国… Ⅲ. ①配电线路—工程施工—技术培训—教材 Ⅳ. ① TM726

中国版本图书馆 CIP 数据核字（2019）第 202396 号

出版发行：中国电力出版社

地　　址：北京市东城区北京站西街 19 号（邮政编码 100005）

网　　址：http://www.cepp.sgcc.com.cn

责任编辑：刘丽平　王蔓莉

责任校对：王小鹏

装帧设计：赵姗姗

责任印制：石　雷

印　　刷：河北华商印刷有限公司

版　　次：2019 年 12 月第一版

印　　次：2019 年 12 月北京第一次印刷

开　　本：710 毫米 ×980 毫米　16 开本

印　　张：6.25

字　　数：86 千字

印　　数：0001—2000 册

定　　价：25.00 元

丛书序

国网浙江省电力有限公司（简称国网浙江公司）在国家电网有限公司领导下，以努力超越、追求卓越的企业精神，在建设具有卓越竞争力的世界一流能源互联网企业的征途上砥砺前行。建设一支爱岗敬业、精益专注、创新奉献的员工队伍是实现企业发展目标、践行“人民电业为人民”企业宗旨的必然要求和有力支撑。

国网浙江公司为充分发挥公司系统各级劳模在培训方面的示范引领作用，基于劳模工作室和劳模创新团队，设立劳模培训工作站，对全公司的优秀青年骨干进行培训。通过严格管理和不断创新发展，劳模培训取得了丰硕成果，成为国网浙江公司培训的一块品牌。劳模工作室成为传播劳模文化、传承劳模精神，培养电力工匠的主阵地。

为了更好地发扬劳模精神，打造精益求精的工匠品质，国网浙江公司将多年劳模培训积累的经验、成果和绝活，进行提炼总结，编制了《跟着电网企业劳模学系列培训教材》。该丛书的出版，将对劳模培训起到规范和促进作用，以期加强员工操作技能培训和提升供电服务水平，树立企业良好的社会形象。丛书主要体现了以下特点：

一是专业涵盖全，内容精尖。丛书定位为劳模培训教材，涵盖规划、调度、运检、营销等专业，面向具有一定专业基础的业务骨干人员，内容力求精练、前沿，通过本教材的学习可以迅速提升员工技能水平。

二是图文并茂，创新展现方式。丛书图文并茂，以图说为主，结合典型案例，将专业知识穿插在案例分析过程中，深入浅出，生动易学。除传统图文外，创新采用二维码链接相关操作视频或动画，激发读者的阅读兴趣，以达到实际、实用、实效的目的。

三是展示劳模绝活，传承劳模精神。“一名劳模就是一本教科书”，丛书对劳模事迹、绝活进行了介绍，使其成为劳模精神传承、工匠精神传播的载体和平台，鼓励广大员工向劳模学习，人人争做劳模。

丛书既可作为劳模培训教材，也可作为新员工强化培训教材或电网企业员工自学教材。由于编者水平所限，不到之处在所难免，欢迎广大读者批评指正！

最后向付出辛勤劳动的编写人员表示衷心的感谢！

丛书编委会

前　言

近年来，随着配电专业的蓬勃发展，配电施工技术人才严重紧缺。虽然大量人员进入这个行业，但由于人员素质的参差不齐，导致大量配电基础施工质量不符合国家电网公司的建设标准，安全生产事件也时有发生，对电网企业造成了较大经济损失和不好的社会影响。

为了加强基层一线配电施工队伍的理论和技能培训，提高配电施工队伍的施工和技术水平，陈新益劳模创新工作室总结多年来的现场施工和培训经验，编写了《配电线路施工》书籍。本书分为稀有绳结的用途及打法、钢丝绳套的制作、固定式组立电杆、配电线路的定位及测量、拉线制作与安装、裸导线的连接处理、绝缘导线的压接处理、利用绳索救援高空伤员八个方面。

本书定位为技能类培训教材，面向对象为具有一定专业基础的业务骨干人员，教材编写突破传统教材的编写方式，采取图文并茂，以图说为主，结合经典案例，将专业知识穿插在案例分析中，使学员能迅速提升其技能水平。

本书在编写过程中得到了国网浙江海宁市供电有限公司有关部室及兄弟单位的支持和帮助，书中还引用了有关单位和个人的文献和技术资料，谨向他们表示衷心的感谢。

由于时间和水平有限，书中难免出现疏漏之处，恳请各位专家和读者批评指正。

编　者

2019 年 9 月

目　录

简单做人，快乐工作

——记全国劳动模范陈新益

陈新益，全国劳动模范，首届浙江、嘉兴工匠，浙江省“百千万”高技能领军人才，最美浙电人和嘉兴人，海宁市首届“道德模范”。中共党员，配电线路高级技师，现任国网海宁市供电公司“陈新益工作室”负责人。1983年进入海宁市供电局从事线路工作，37年来，他获得了数不清的荣誉。

他坚守一线，在配电线路平凡且艰苦的岗位上，把简单的事情做到极致，从1986年开始担任线路队副队长、队长以来，坚持创新突破，凝聚队伍，发挥各人特长，培养出了众多德才兼备的技能人才和善打硬仗的施工队伍，为用户优质服务，提高供电可靠性，提升企业效率贡献了智慧和力量。

2009年，由他领衔的全国电力行业首个劳模工作室“陈新益劳模创新工作室”正式成立，10年来，逐渐成为浙江省高技能人才创新工作室、浙江省技能大师工作室、省电力公司配电线路跨区域培训的“黄埔军校”，工作室的培训模式也得到了时任中华全国总工会主席黄兆国的批示。陈新益工作室自成立以来，先后培训各类员工2500余人次，异地、短期培训集训万余人次，被业内同行美誉为“黄铺军校”。作为浙江省电力公司配网运行和检修的跨区劳模培训工作站，连续6年承担跨区域培训项目。工作室负责人陈新益多次被浙江省电力公司聘为教练，担任技能教练组长，培养出了多位国家电网公司技术能手。作为优秀教练员，他还先后赴新疆、浙西培训中心、湖州培训中心、舟山电力公司多地担任培训教师。此外，还先后担任省电力公司、嘉兴供电公司、温州供电公司等地配电线路相关专业技能竞赛裁判、教练。

作为基层班组生产一线的员工，凭借“干一行爱一行专一行”的敬业精神和“简单做人、快乐工作”的人生信念，一步步成长为业内闻名的技术尖子技能人才，他用行动证明了爱岗敬业不仅仅是口号，更要踏踏实实地落实到行动上。

项目一

稀有绳结的用途及打法

【项目描述】

打绳结是配电线路工在日常工作中每天都要用到的操作技能之一。目前很多年轻员工常用绳结不会打，在使用上经常出现不规范行为，如因绳结未打好，在传递时经常出现工器具、材料坠落，造成工器具损坏或人身伤害。因此，配电线路工必须熟练掌握，正确使用绳结。例如：横担应使用背扣，由于是长型物体须在上端加一个倒扣，吊物时才能确保稳定；杆上传递时应保持垂直，导线应使用海员结，吊起后要确保绳结能在导线上移动；整杆时绳索不够长需对接时应使用接绳结，保证绳子受力后不会成死结。本章主要讲述跳板结、抬杠结、油瓶结、双绳八字结 4 种稀有绳结，学员应该了解这 4 种稀有绳结的用途，熟悉并掌握这 4 种稀有绳结的打法。

任务一　跳板结的用途及打法

【任务描述】

本任务通过图解示意跳板结的打法步骤和注意事项，讲解跳板结的打法及其使用场合。

【技能要领】

在高处作业时，当作业点离杆塔较远，作业人员无法正常工作时可使用跳板结。使用绳索将跳板（梯子）一端打上跳板结，然后将梯子往外延伸，并将绳索固定在杆塔或者牢固的构件上；跳板（梯子）的另一端固定在横担上（见图 1-1），可以增加作业人员作业范围，并使作业时更加轻松。跳板结易打易结，安全可靠。

跳板结的打法是先将绳索在跳板（梯子）上绕两圈，将跳板（梯子）上方的第三圈绳子压住第二圈的绳子，然后将第二圈的绳子拿出来压住前面绳索，再套住跳板（梯子），两边绳拉紧后跳板结就完成了（见图 1-2）。注意：拉紧后的受力点必须在跳板（梯子）边缘，不易滑绳（跳板结不易打在光滑易滑动的金属材料和绝缘材料上，如确实需要使用时应在适当位置做好防滑措施）。只要多练习几次，把控好方向，在类似的物体进行反复的练习，就会牢记于心。

图 1-1　跳板结的使用

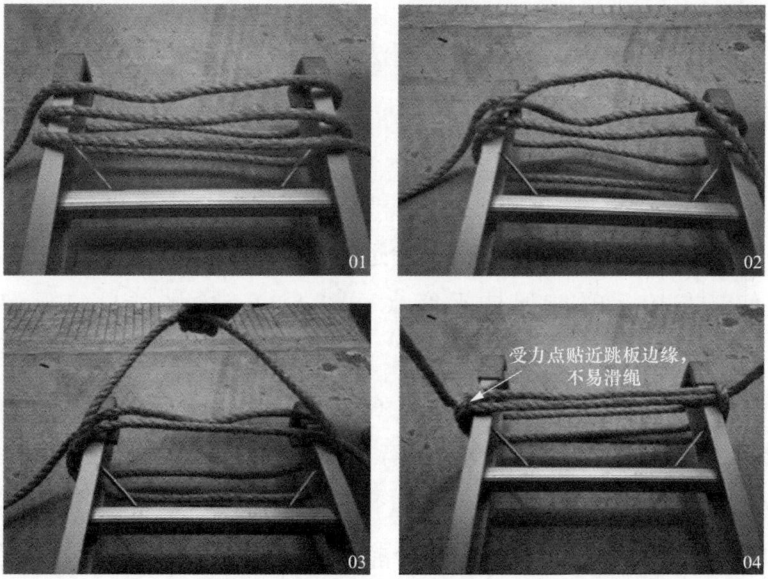

图 1-2　跳板结的打法（一）

图 1-2　跳板结的打法（二）

任务二　抬杠结的用途及打法

【任务描述】

本任务通过图解示意抬杠结的打法步骤和注意事项，讲解抬杠结的打法及其使用场合。

【技能要领】

在施工作业中抬杠结主要用于抬运有底的圆形物体（如缸、油桶、瓷套管），使其在抬运时能保持平衡（见图 1-3）。抬杠结易打易解，安全可靠。

抬杠结的打法是先将绳索兜底，在缸（桶）的顶端交叉两次形成一个绳环，然后将绳环套住缸（桶），注意：绳环套住的位置要稍高于缸（桶）的重心处，抬物体时才能平稳；绳环套住后，再将绳索拉紧，并在缸（桶）顶打一个抬棒结。这样，一个抬杠结就完成了，如图 1-4 和图 1-5 所示。

图 1-3 抬杠结

图 1-4 抬杠结打法（一）

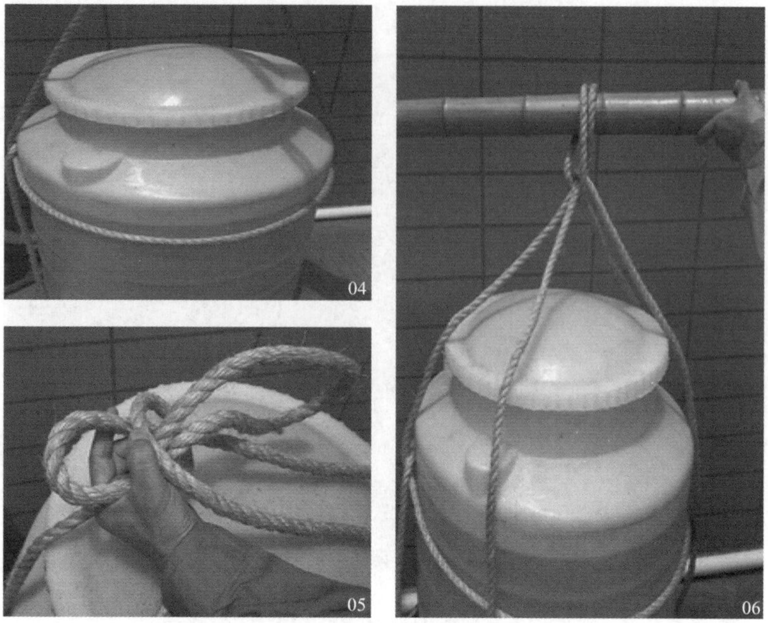

图 1-4 抬杠结打法（二）

任务三 油瓶结的用途及打法

【任务描述】

本任务通过图解示意油瓶结的打法步骤和注意事项，讲解油瓶结的打法及其使用场合。

【技能要领】

油瓶结主要用于抬运有像油瓶脖子一样的物件，如各种瓷套管、大型电力设备。当这些物件无法单独搬运时，在其油瓶脖子上打一油瓶结（见图 1-5），将物体抬运。油瓶结安全可靠，易打易解。

油瓶结的打法是先将绳索折中，将右端的绳索顺时针绕左侧绳索一圈形成一绳环，并用手捏住绳环；然后将左端的绳索绕右侧绳索逆时针一圈形成一绳环，同样用手捏住，将其套在物体油瓶脖子上，两端绳索拉紧。这样，一个油瓶结就打好了，如图 1-6 所示。

图 1-5　油瓶结

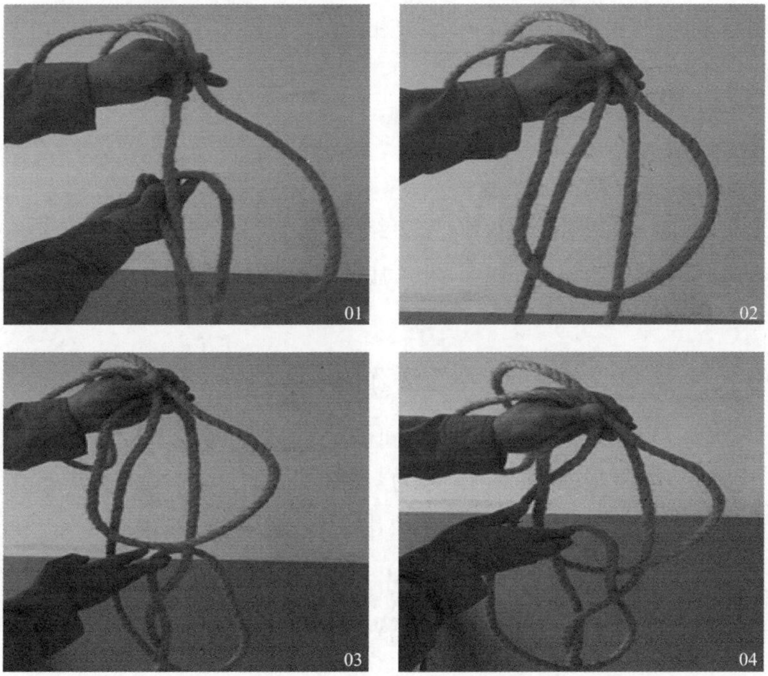

图 1-6　油瓶结打法（一）

图 1-6 油瓶结打法（二）

任务四 双绳八字结的用途及打法

【任务描述】

本任务通过图解示意双绳八字结的打法步骤和注意事项，讲解双绳八字结的打法及其使用场合。

【技能要领】

相比于其他三种绳结，双绳八字结更容易打。将一根绳索折一段形成双绳，然后将双绳一端绕主绳一圈，从环内穿出，两端收紧即可，如图 1-7 所示。

在施工作业中当编织绳索无法作环时，打一个双绳八字结形成一个稳固绳环，连接锁扣、钩子来起吊重物。相比于单八字结，双绳八字结由于对折的两根绳索相互受力，在受重力时不易形成死结，更加安全可靠。除了起吊重物，在施工中当绳索长度不够时，将编织绳打一双绳八字结，再打一接绳结与另一绳索连接在一起。相比于平结，接绳结受力后易解开，且安全可靠，并适用于不同尺寸的两根绳索连接。

图 1-7　双绳八字结

项目二

钢丝绳套的制作

【项目描述】

钢丝绳套具有强度高、自重轻、工作平稳、不易骤然整根折断等特点，在配电线路施工中主要用于吊装、牵引、拉紧和承载，可随需要自由调控长度，是配电线路施工和检修必备的工器具之一。本项目主要讲解普通钢丝绳套和防扭钢丝绳套的制作及对接方法。

任务一　普通钢丝绳套的制作

【任务描述】

本任务主要是讲解普通钢丝绳套的制作，及其在制作时的注意事项，并介绍普通钢丝绳套的对接方法。线路施工钢丝绳是最常用的工具器之一，其中 6×37+1 镀锌钢丝绳最为常见。

【技能要领】

1. 制作方法

普通钢丝绳套穿法有很多种形式，有四进二回、三进三回、二进三回一交叉等，如图 2-1 所示。不管用哪一种方法制作，都必须达到牢固、美观、受力一致。

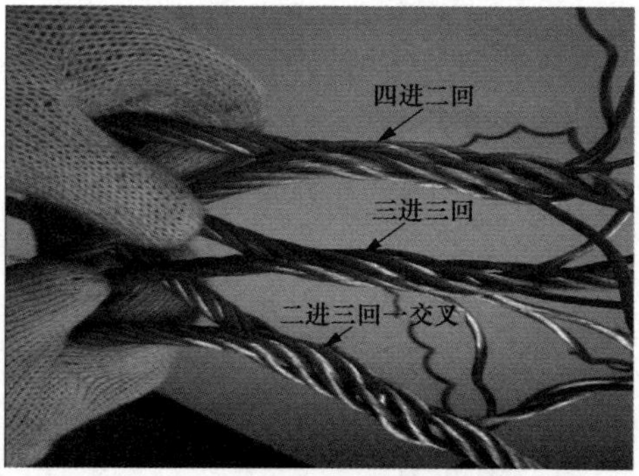

图 2-1　钢丝绳套制作方法

2. 制作过程

先量取一定长度的钢丝绳套，使绳环直径和穿插长度满足制作要求；将钢丝绳拆散，注意将每一根小钢丝绳的端头用胶带包裹（见图 2-2），防止在穿插过程中散股。下面介绍的三种钢丝绳套制作方法，只是在第一次起头穿插时有区别，起头穿插好后，两两交叉进行穿插；在穿插的过程中一定要按钢丝绳的顺序来，穿刀不应损坏钢丝绳内的麻绳和每股钢丝绳的钢丝。

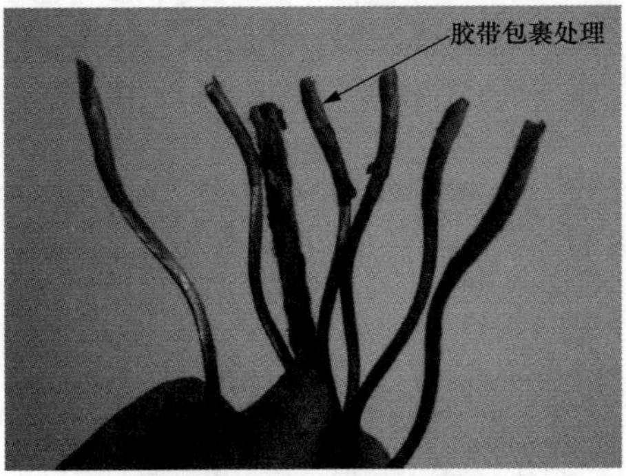

图 2-2　钢丝绳头处理

（1）四进二回制作钢丝绳套。采用四股进、二股回（即反向穿）方法制作钢丝绳套时，先按顺序将四根小股钢丝绳插入相邻的缝隙内（同一缝隙进，不同缝隙出，确保上面留有一处空隙，下面全部穿入），并将四根钢丝绳拉紧，然后将中间的绳芯剪去，并确保绳芯不外落。另外的两股钢丝绳反方向插入剩下的两个钢丝绳缝隙内，将钢丝绳收紧（越紧越好），然后再两两交叉进行穿插，如图 2-3 所示。穿插时要注意方向，将绳圈置于左手侧，端头处于人体侧，特别是起头时要分清钢丝绳的绞向，穿插时要控制穿刀的角度和力度，防止损伤绳芯和单股钢丝。

（2）三进三回制作钢丝绳套。相比于四进二回法，三进三回法在起头时，不同方向都为三根小钢丝绳，先按顺序将三根小股钢丝绳插入相邻的缝隙内（同一缝隙进，不同缝隙出，确保上面留有两处空隙，下面全部穿入），并将三根钢丝绳拉紧，然后将中间的绳芯剪去，并确保绳芯不外落。另外的三股钢丝绳反方向插入剩下的三个钢丝绳缝隙内，确保每个钢丝绳空隙内都有一股钢丝绳穿出，将钢丝绳收紧（越紧越好），然后再两两交叉进行穿插。

穿插时要注意方向，将绳圈置于左手侧，端头处于人体侧，特别是起头时要分清钢丝绳的绞向，穿插时要控制穿刀的角度和力度，防止损伤绳芯和单股钢丝。起好头后，同样也是两两交叉进行穿插。操作顺序如图 2-4 所示。

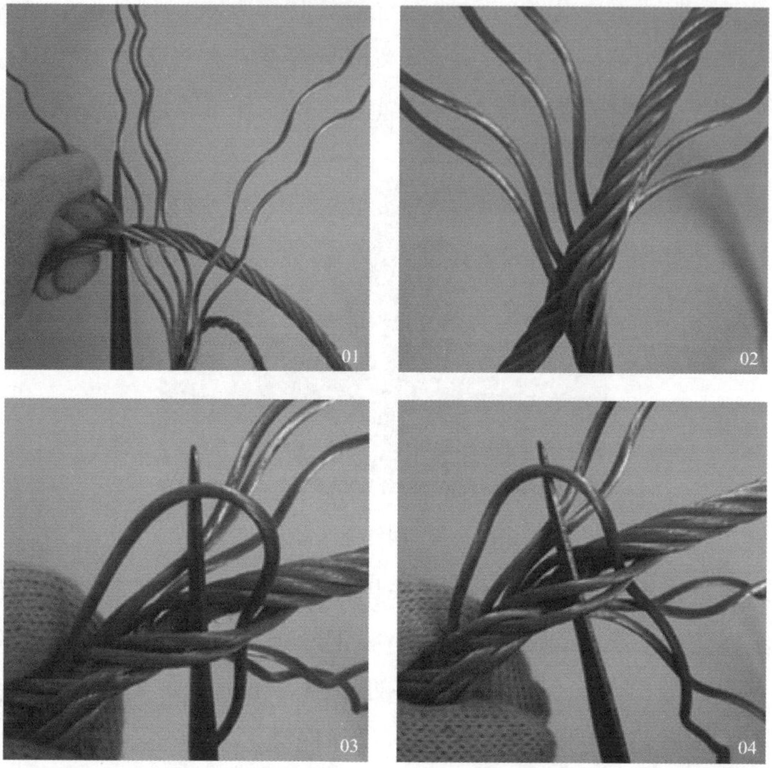

图 2-3　四进二回制作钢丝绳套

图 2-4　三进三回制作钢丝绳套（一）

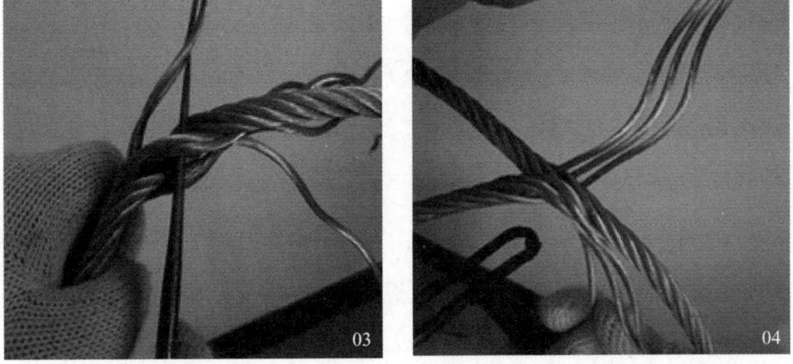

图 2-4　三进三回制作钢丝绳套（二）

（3）二进三回一交叉制作钢丝绳套。二进三回一交叉法与三进三回法基本相似，不同方向都为三根小钢丝绳，不同的是起头时三进穿好后上、下各有一处空隙，先按顺序将三根小股钢丝绳插入相邻的缝隙内（同一缝隙进，不同缝隙出，上、下各留有一处空隙），并将三根钢丝绳拉紧，然后将中间的绳芯剪去，并确保绳芯不外落。另外的三股钢丝绳反方向插入剩下的三个钢丝绳缝隙内（但此时是两两交叉进行），确保每个钢丝绳空隙内都有一股钢丝绳穿出，将钢丝绳收紧（越紧越好），然后再两两交叉进行穿插。穿插时要注意方向，将绳圈置于左手侧，端头处于人体侧，特别是起头时要分清钢丝绳的绞向，穿插时要控制穿刀的角度和力度，防止损伤绳芯和单股钢丝。操作顺序如图 2-5 所示。

3. 制作要求和工艺质量

普通钢丝绳套穿插长度为钢丝绳直径的 15 倍以上，来回穿插不少于 4 回，穿插长度必须大于 300mm；圆环直径为钢丝绳直径的 18 倍左右（14～24 倍）；两端穿插后中间留有的长度不少于钢丝绳直径的 10 倍；不得出现较多断丝，环内不得出现松股现象，并确保绳芯不被破坏和挤出，如图 2-6 所示。

如图 2-7 中的三根钢丝绳套，第一根钢丝绳套穿插回数和长度均不满足要求；第二根穿插长度超过直径的 15 倍，穿插回数超过 4 回，但没达到 300mm；第三根满足要求。

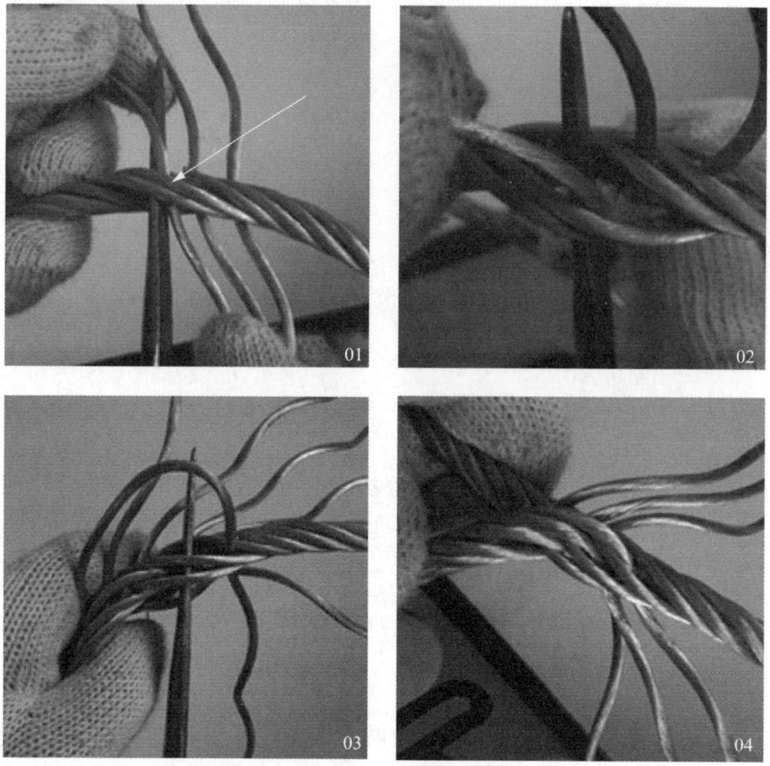

图 2-5　二进三回一交叉

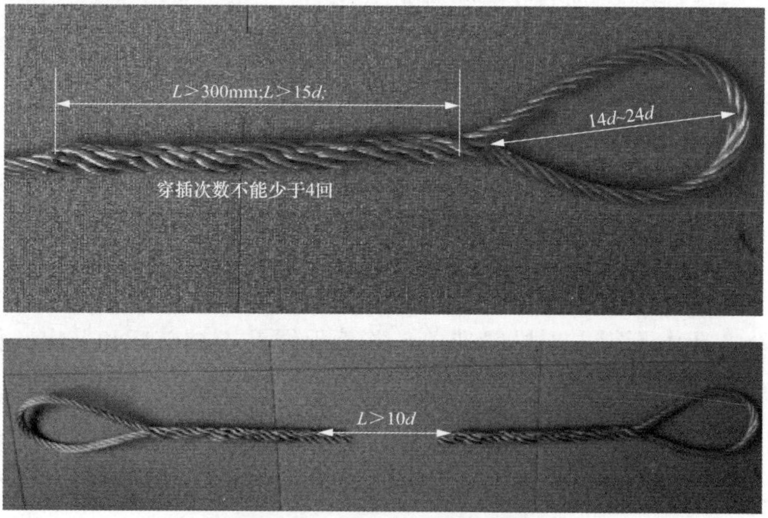

图 2-6　普通钢丝绳套的制作标准

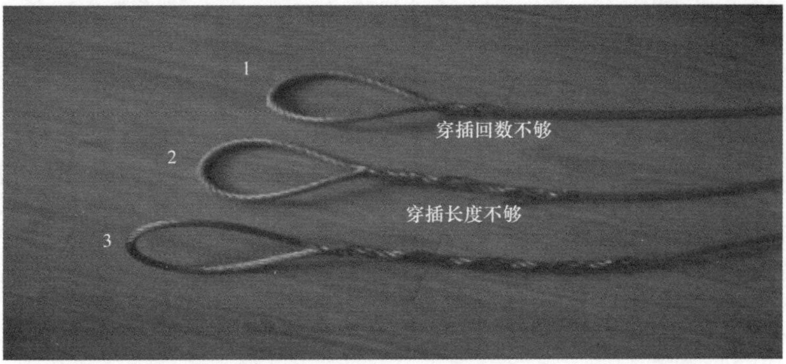

图 2-7　钢丝绳套制作实例

4．普通钢丝绳套的对接

如果钢丝绳需过滑轮长度不够或者在施工过程中普通钢丝绳套不慎断裂，可将两根以上规格、直径、股数均相同的钢丝绳对接。对接方法和制作普通钢丝绳套方法一样，但其穿插长度不少于钢丝绳直径的 30 倍（各端 15 倍以上），并大于 400mm，穿插回数不少于 8 回（各端 4 回以上），如图 2-8 所示。

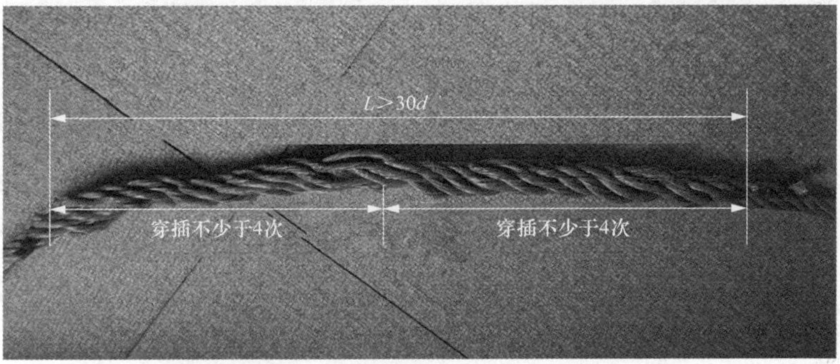

图 2-8　普通钢丝绳套的对接要求

任务二　防扭钢丝绳套的制作

【任务描述】

本任务的主要内容是学习防扭钢丝绳套的制作及其注意事项，掌握防扭钢丝绳套的对接方法及其与普通钢丝绳套制作的不同之处。

【技能要领】

防扭钢丝绳套制作方法与普通钢丝绳套大致相同，一般的防扭钢丝绳为 9～12 股，起头时保证每根钢丝绳缝隙内有一根钢丝绳进出，按照总股数的 2/3 进、1/3 回穿的方法进行。起好头后具体的穿法是认准一根钢丝绳后沿着这根钢丝绳的走向来回穿插即可，穿完一根后再穿第二根。以此类推，完成其他各股的穿插，并剪去多余部分。因为防扭钢丝绳绞制要比普通钢丝绳松得多，所以穿插来回应不少于 6 次，穿插长度为直径的 30 倍以上，如图 2-9 所示。

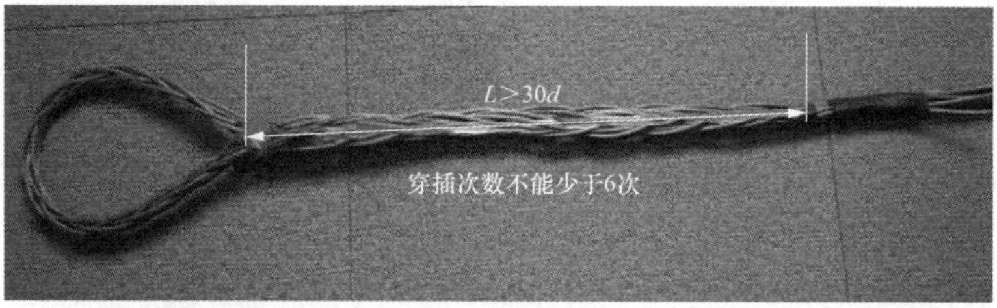

图 2-9　防扭钢丝绳套的制作标准

防扭钢丝绳在施工时易被磨断或断股，因此需要进行对接，否则会造成较大的浪费。具体做法是：两端散股 600mm 以上，股与股相互交叉；穿法与防扭钢丝绳套的制作基本一样，起头时保证每根钢丝绳缝隙内有一根钢丝绳进出；认准一根钢丝绳后沿着这根钢丝绳的走向穿即可，先完成第一根，再分别进行第二、第三、第 N 根的穿插。与防扭钢丝绳套制作时一样，每端穿插回数应不少于 6 次，两端总穿插长度大于直径的 60 倍以上，如图 2-10 所示。

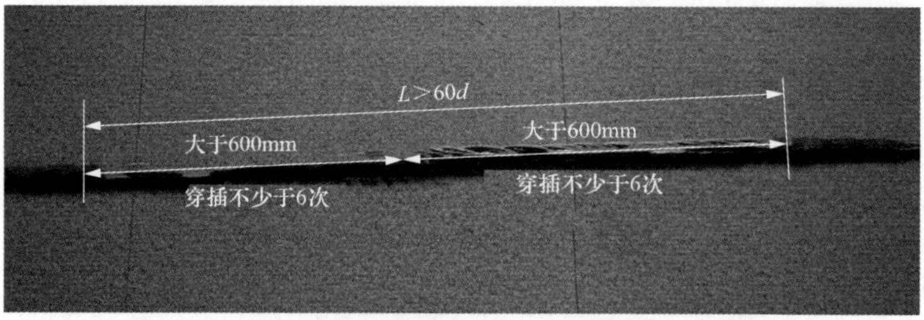

图 2-10　防扭钢丝绳套的对接要求

项目三
固定式组立电杆

【项目描述】

固定式组立电杆是配网中组立电杆的重要方法，主要适用于18m及以下的电杆组立。本项目讲述按现场标准化作业内容完成固定式组立电杆的方法。通过本项目的学习，了解前期准备工作中的工器具准备、人员分工和施工现场布置，并掌握施工的操作过程、质量标准和安全注意事项。

任务一　工 作 前 准 备

【任务描述】

本任务主要讲解固定式组立电杆的前期准备工作，包括工器具的准备、施工现场布置和人员分工。

【技能要领】

以起吊一基$\phi190\times15$m电杆为例，杆上横担、绝缘子、金具等随电杆一同起吊。

1. 工器具的准备

工器具的准备见表3-1。

表3-1　　固定式组立电杆的工器具

序号	工器具名称	型号	单位	数量
1	抱杆	$\phi150\times9$m	副	1
2	机动绞磨	3匹、3t	只	1
3	钢丝绳套	$\phi17\times1.5$m	根	1
4	钢丝绳套（转杆用）	$\phi11\times5$m	根	1
5	钢丝绳套（挂转向滑车）	$\phi11\times1.5$m	根	1
6	钢丝绳套（桩、锚连接备用）	$\phi11\times3$m	根	2
7	钢丝绳（风绳）	$\phi9.5\times30$m	根	2
8	钢丝绳（牵引绳）	$\phi9.5\times80$m	根	1
9	起重滑车	闭口、环式、二门、2t	只	2

续表

序号	工器具名称	型号	单位	数量
10	起重滑车	勾式、开口、1t	只	1
11	螺旋地锚	1.5t	只	2
12	铁桩（备用）	ϕ75×1.5m	只	4
13	撬棒（六角钢）	1.5m	根	4
14	大榔头	18P	只	1
15	道木	150×200×1000	块	6
16	和合锹	2.5m	把	1
17	铁锹	尖头型	把	2
18	白棕绳	ϕ12×30m	根	2
19	登高工器具	脚扣	副	1
20	安全带		副	1
21	卸扣	ϕ24	只	2
22	卸扣	ϕ20	只	4

2. 现场布置

(1) 总体布置：电杆重心、抱杆顶端、杆洞、制动地锚四点必须在同一垂直面上，以保证在起吊过程中受力均匀，如图 3-1 所示。

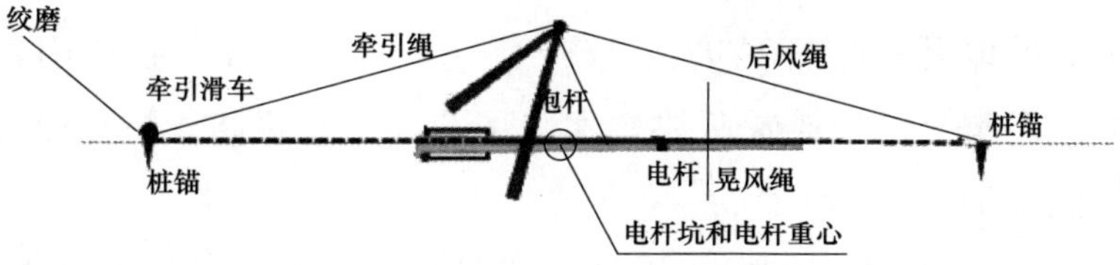

图 3-1　固定式组立电杆平面布置图

(2) 总牵引地锚与电杆坑的距离应取电杆高度的 1.2 倍以上。

(3) 在土质允许的情况下一般选用螺旋地锚（见图 3-2），如果螺旋地锚打不进去，可选用立锚桩。根据受力可采用前后布置，也可采用三角形布置。地锚之间可采用横木，也可采用手板葫芦相连。15m 电杆一般采用前后两个立锚或两个螺旋地锚即可。滑车组的钢丝绳在受力前必须理顺，并做好防翻转的措施。常用的方法是在上侧滑车与抱杆钢丝绳连接处悬挂一个 10kg 以上的重物（重锤），如图 3-3 所示。

(a) 未入地前　　(b) 入地后

图 3-2　螺旋地锚

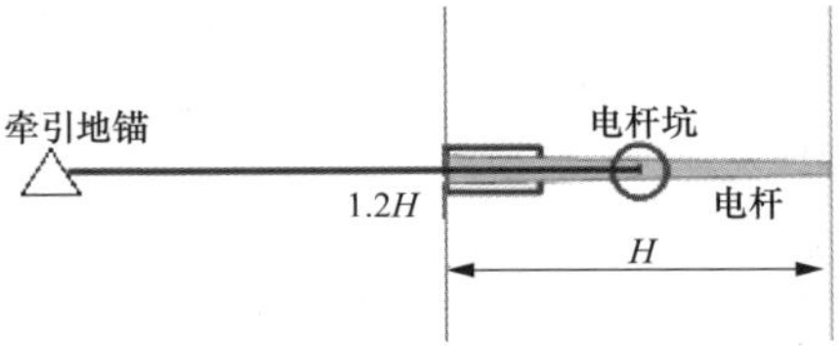

图 3-3　总牵引地锚布置图

（4）抱杆的坐落位置与杆洞及电杆重心在同一垂直面上。抱杆的高度要大于电杆重心高度加上吊点离电杆重心距离和滑车及所用钢丝绳的长度之和，抱杆的根开取抱杆高度的 1/3～1/4。两根抱杆脚必须用钢丝绳相连，在靠近两脚坐落处放置两块枕木（见图 3-4），可防止抱杆受力时出现下沉（见图 3-5）。

（5）吊点布置：固定式立杆吊点一般选取在电杆重心靠电杆梢头 0.2～0.5m 处，如图 3-6 所示。如果电杆顶装有横担、绝缘子或其他金具，吊点应往电杆梢头稍微移动。组立 15m 以上电杆时，应对吊点进行补强，在吊点处增加钢丝绳，加大受力面积，防止在起吊过程中因电杆吊点处压强太大而形成横向裂纹。如果考虑到电杆起立后的横担方向，钢丝绳在穿越电杆时是有方向的，一定要确保受力后能转动调整。

图 3-4 抱杆底部垫枕木

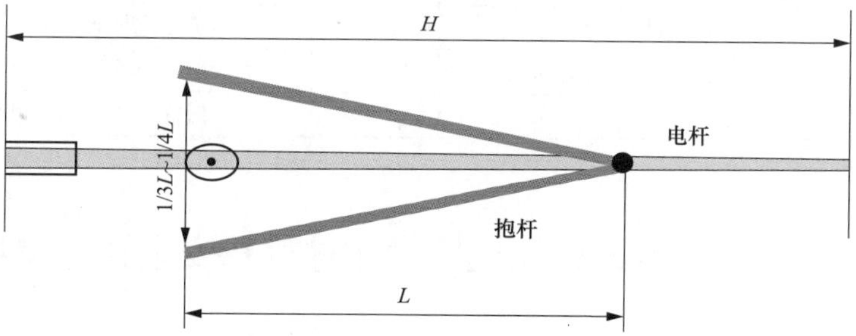

图 3-5 抱杆布置图

(6) 前后风绳布置：前后风绳地锚与杆洞的距离应取电杆高度的 1.2 倍以上，一般情况下设置 1 个地锚，收放采用手板葫芦，风绳钢丝绳与手板葫芦采用二型楔形线夹相连最为可靠。

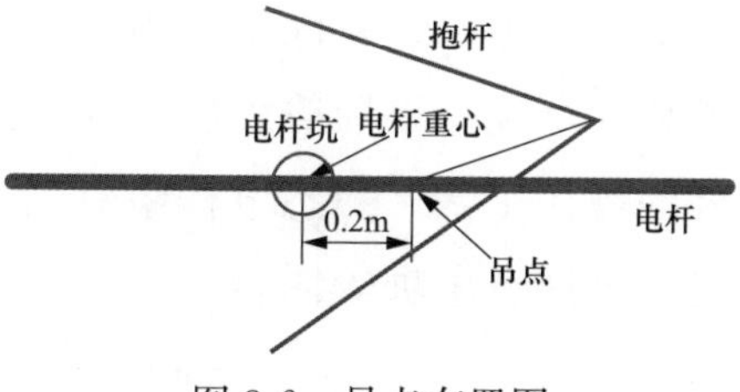

图 3-6 吊点布置图

3. 人员分工

现场设总指挥和副指挥各 1 名，总指挥负责对立杆现场的布置、检查、指导、指挥工作。指挥时一般人站在电杆起立的垂直位置，保持与机动绞磨操作者视线良好，提醒杆根人员做好电杆进洞和抱杆脱落的工作，并做好现场安全监督工作。副指挥一般由制动区域负责人兼任，负责电杆起立时牵引和制动的调节指挥，确保电杆始终处于垂直位置。抱杆区域及电杆进洞作业人员 2 人左右，负责抱杆布置及组装、起吊设置、电杆过洞等工作。总牵引及机动绞磨作业人员 3 人，负责总牵引系统的布置、组装、连接、机动绞磨操作、尾绳控制等相关工作。小组负责人兼任电杆起立时前后风绳的调整指挥工作。前后风绳作业人员共 4 人，各侧 2 人。负责做好地锚、临时风绳的布置及电杆起立时风绳的收放工作。人员分配具体见表 3-2。

表 3-2　　人员分配表

序号	内容	数量	工作性质
1	现场总指挥	1	负责现场总的操作命令
2	制动区域负责人（副指挥）	1	负责制动区域操作命令
3	抱杆区域人员	2	负责抱杆布置及组装等
4	总牵引及机动绞磨作业人员	3	负责总牵引系统的布置、组装等
5	前后风绳作业人员	4	负责做好地锚、临时风绳的布置

任务二　固定式组立电杆操作过程及安全注意事项

【任务描述】

本任务主要讲解固定式组立电杆在准备工作做完后的操作过程、验收标准和安全注意事项等内容。通过概念描述和图解示意，了解固定式组立电杆的操作步骤；熟悉电杆组立后的质量验收标准；掌握在电杆组立过程中的安全注意事项等内容。

【技能要领】

1. 抱杆和风绳组装

（1）工器具由人力抬到施工现场，在工作负责人的指挥下进行现场布置。杆坑中心、抱杆顶、电杆中心、前后风绳在同一直线上。前后风绳设置在 1.2 倍杆高以外，螺旋地锚应设置补强横木。

（2）组装抱杆：抱杆脚的坐落位置应与电杆进洞保持在边缘垂直线上，根开应取抱杆高度的 1/4～1/3。在确保抱杆受力允许的情况下，根开尽量选 1/3。滑车组展放长度与抱杆高度基本一致，检查牵引绳是否有缠绕，尾绳出口是否正常，组装的滑车组是否与抱杆有卡压现象，风绳连接是否可靠。

（3）抱杆脚反向用撬棒或铁桩支撑，如抱杆较重时应在抱杆前方打上两个铁桩对抱杆进行固定。抱杆起立时抬扛抱杆的人员不得少于 4 人，用抬肩扛抬起抱杆头部后，作业人员应交叉向前推进。当抱杆起立到离地约 6m 后，后风绳派专人把守，人员撤离。通过绞磨直接牵引前风绳，将抱杆慢慢起立。如果抱杆较轻或作业人员充足时可直接采用人工起立抱杆，后风绳应设专人控制（见图 3-7）。

图 3-7 起立抱杆

（4）抱杆起立到 60°左右时，必须带上后风绳，并由专人控制。

（5）抱杆起立到 85°左右，停止牵引，用人力牵引使抱杆垂直。前后风绳固定在地锚上。

（6）前后风绳最好用手扳葫芦进行控制，如图 3-8 所示。与钢丝绳连接宜采用 LX-2 型线夹与手板葫芦连接，便于调整抱杆的倾斜度，更有利于电杆进洞。

图 3-8　手板葫芦控制风绳

2. 杆塔起吊

（1）在电杆重心上面 0.3～0.5m（电杆重心为电杆高度的 0.44 倍）处穿入钢丝套与两轮滑车并用卸扣固定，卸扣的横梢直径应大于 ϕ24，电杆头部系上绳索。如果横担、绝缘子装好后立杆，应考虑附件的重量，吊点适当往上移。

（2）与转向滑车连接的抱杆脚插入撬棒（或打入铁桩），撬棒上端与抱杆脚用绳索缠紧，穿入钢丝套。钢丝套的一端钩住单轮滑车，牵引钢丝绳放入滑车内，滑车门应关闭，无卡压。牵引钢丝绳拖放至绞磨处，在绞磨上至少缠绕 5 圈，尾绳用人力控制，人数不得少于 2 人，如图 3-9 和图 3-10 所示。

（3）负责人检查一切正常后，发出开始起吊的命令，绞磨机开动牵引钢丝绳，起立电杆。

图 3-9 绞磨控制

图 3-10 绞磨尾绳控制

（4）起吊指挥人应站在侧面视野开阔处指挥，并与绞磨操作者保持视线清楚；绞磨操作者必须集中思想，始终观测负责人和抱杆起吊处。

（5）电杆起立到离地 0.7～1m 时，应停止起吊，对电杆进行冲击试验，检查工器具、各绑扎点、地锚是否牢固，如图 3-11 所示。若有个别部位发生险情，必须将电杆放落至地面卸荷处理。

图 3-11 电杆起吊

（6）起吊过程中，注意杆身、抱杆和前后风绳受力平衡，特别是抱杆脚是否有下沉的危险。

（7）电杆起立到根部离地后，停止牵引，人力稳定杆身。最好在电杆根部绑一根绳子，便于控制。根部对准杆洞，绞磨倒车，松牵引钢丝绳，电杆头部拉绳人力控制，使电杆垂直下降，如图 3-12 所示。严禁采用松尾绳的方法使电杆快速进洞，牵引钢丝绳不受力后，调整电杆垂直度，杆洞回土。

（8）抱杆放落常借助新电杆的吊点来实现。如果新立电杆基坑土质松软，应在受力反向用绳索控制，放落时拉紧牵引绳的尾绳，并在电杆上绕一圈以减小操作者的控制拉力，必要时由两人控制。抱杆放落地面后拆除工器具并进行适当整理。

（9）如果电杆顶端已装上横担和绝缘子，电杆入坑后应及时调整电杆方位，使横担朝向保持正确。

（10）继续回填土至地面，并设防沉土层，培土高度应超出地面 30cm。

3. 验收标准

（1）工作负责人检查杆塔组立质量。

图 3-12　电杆进坑

（2）直线杆的横向位移不应大于 50mm。35kV 架空电力线路中直线杆的倾斜不应大于杆长的 3‰，10kV 及以下架空电力线路杆梢的位移不应大于杆梢直径的 1/2。转角杆的横向位移不应大于 50mm。转角杆应向外角预偏，紧线后不应向内角倾斜。向外角倾斜时，其杆梢位移不应大于杆梢直径。

（3）新立电杆不得出现纵向裂缝；横向裂缝宽度不得超过 0.1mm，长度不得超过周长的 1/3；电杆弯曲不得超过 50mm。

4. 安全措施及注意事项

（1）非施工人员不得进入施工作业区，绞磨应有专职人员操作（持有机动绞磨操作证）。

（2）现场平面布置必须符合施工技术规定，抱杆高度、强度必须满足起吊重量要求。

（3）抱杆顶部连接应牢固，活动正常。抱杆顶、杆洞中心两侧临时拉绳应在一条直线上，起吊时抱杆不得倾斜。因地形所限必须倾斜时，角度不得小于 15°，同时对上风临时拉绳要加强监护，必要时应采取加固措施。

（4）起吊前作业负责人应组织检查现场布置及工器具情况，同时作业人员应认真检查各自操作岗位的布置及工器具情况。不符合施工技术规定不得起吊，有缺陷的工器具不得使用，严禁以小代大。

（5）抱杆受力要均匀，在试吊时和整个起吊过程中，若发现抱杆沉陷或单腿受力，应停止牵引，采取补强措施。

（6）挂转向滑车用的铁桩应打在执杆腿旁，铁桩打入地下要牢固可靠，以防抱杆根部滑动或向上浮起。

（7）浅埋电杆时，应将永久性拉线全部固定后才能拆除临时拉线。杆上有人时，严禁调整或拆除拉线。

（8）起立电杆附近有带电线路时应提前与运行单位联系，做好安全措施，有可能碰触的低压线路或通信线应做好防碰撞的安全措施。

（9）立杆过程中除工作负责人和看守抱杆人员外，其他人应远离杆高1.2倍距离以外。在人员密集区域或交通要道等处应设置围栏，派专人看守，防止外来人员进入发生意外。

项目四

配电线路的定位及测量

【项目描述】

本项目主要介绍经纬仪的基本操作和工作及考试时几个常用的、典型的操作项目。

任务一 经纬仪的基本操作

【任务描述】

本任务主要介绍经纬仪的对中、对光、整平、瞄准和读数，讲解线路定位、角度、交叉跨越、交叉角、铁塔分坑、转角双杆分坑等项目的操作。并结合技能等级考试，介绍 J-2 经纬仪的操作。

【技能要领】

经纬仪是一种根据测角原理设计的测量水平角和竖直角的测量仪器，分为光学经纬仪和电子经纬仪两种，下面主要介绍光学经纬仪的使用。光学经纬仪的结构如图 4-1 所示。

图 4-1 光学经纬仪的结构

1—粗瞄准；2—望远镜调焦环；3—照明反光镜；4—护盖；5—照准部水准器；6—基座脚螺旋；7—读数显微目镜；8—望远镜目镜；9—配置度盘；10—圆水准器；11—望远镜制动手柄；12—望远镜微动螺旋；13—水平微动螺旋；14—左侧护盖；15—照明窗；16—水平制动手柄；17—底座；18—底座制紧螺丝

1. 对中

对中的目的是使仪器中心点与测站的标志点处于同一铅垂线上，经纬仪用垂球对中，也可用光学设备对中，一般情况下采用光学对中。对中的步骤如下：

（1）松开三脚架的伸张螺旋，将三脚架安置在测站桩的周围，使其高度适合观测者的身材（胸部至肩位置），装上仪器并拧紧，仪器三个边与底座平齐，调整水平调节的三个螺旋，使其确保在中间位置，使架子顶面基本水平，架子顶面中心在目测下基本对准测站点，如图 4-2 所示。

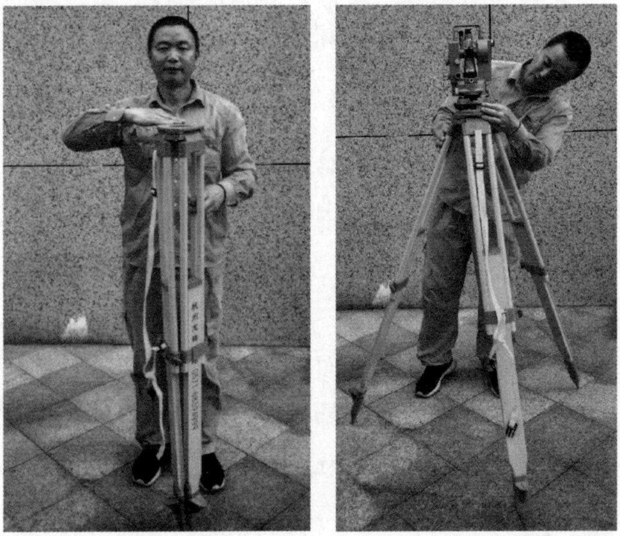

图 4-2　架设经纬仪

（2）旋转光圈对中器目镜的对光螺旋（有的仪器对中器目镜是拉动的）使地面标志点影像清晰，经纬仪前方的一个脚先确定位置，左右手扶起另两个脚，仪器的脚尖与地面越近越好。仪器应基本保持水平状态，眼睛看对中器目镜，双手扶持两个脚轻微移动，直至中心点与对中器目镜在同一点相交。此时两个脚往里靠，脚落地，并检查对中器目镜是否与中心点相交，如有误差，做轻微调整，直至基本相交对正为止，如图 4-3 所示。

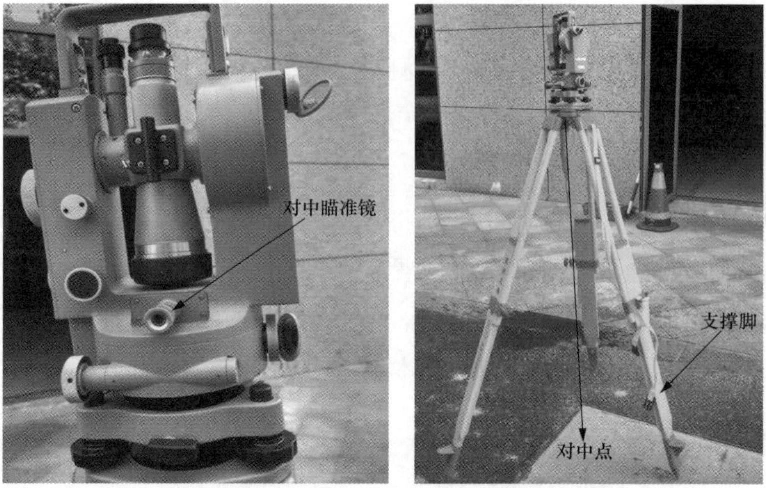

图 4-3 经纬仪的对中

（3）整平。再检查中心点是否对牢，如有较小误差可松开仪器固定螺丝，将仪器稍作移支即可，直至对中精确。对中工作完成后，查看圆水准器中水泡的位置。水泡偏向的一侧位置高，高的脚稍松下一点，低的脚稍抬高一点。调整时必须只调两个脚，另一个脚必须保持不变，否则中心点会移位。将仪器转到一侧，与调整面保持平行，观测水泡在哪侧。水泡所在的一侧高，调节时高侧松（逆时针转动），低侧紧（顺时针转动），松和紧旋转圈数应相同，调到水泡居中为止。仪器转动 60°，与底座平等，此时的调节要调另一个没调过的脚，并将水泡调至中心点为止。如果一次调整不成，可再重复一次。切记：调整只能动确定的两个脚，另一个脚千万不能动，如果动了三个脚，中心点就会跑掉，一切都是劳而无功。仪器整平后，再次观测中心点是否对准，如果还有误差，可松下仪器的固定底座螺栓，用移动仪器的方法将中心点对准。再重复上述过程将仪器调平。直到两项均到指标为止，如图 4-4 所示。转动仪器使仪器的上面水平气泡与仪器的两个调整转盘平行。

（4）精平。经纬仪整平后，可以观察微整平水准器中水珠是否也居中。如果有偏移，可以调整基座脚螺旋对其进行精平。调整时，先将经纬仪放于两基座脚螺旋中间，然后调整基座脚螺旋使其居中，然后将经纬仪旋转

60°对向另一侧，此时只需要调整此前未调整的基座脚螺旋即可，如图 4-5 所示。

图 4-4 经纬仪的整平

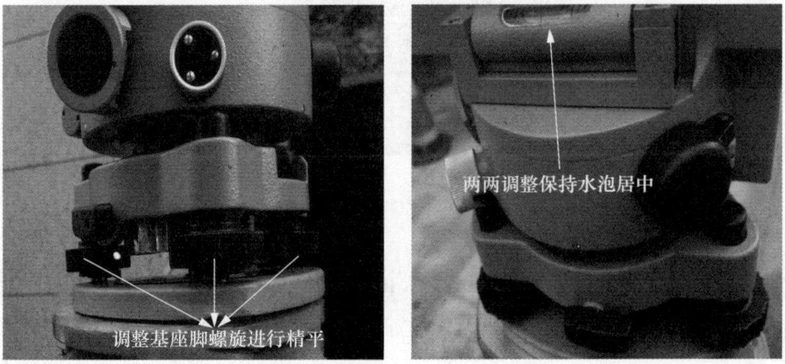

图 4-5 经纬仪的精平调整

2. 对光瞄准

（1）对光。经纬仪整平后，测量时应先进行对光瞄准。将望远镜对向天空或某一明亮的物体，转动目镜使十字丝最清晰；物镜对光，将望远镜对准目标，转动调焦螺旋使目标的象落在十字丝平面上，从目镜中可同时清晰地看到十字丝和目标。

（2）瞄准。用望远镜的十字丝交点瞄准视测目标称为瞄准。观测时，先用望远镜上的缺口及准星大致对准目标，然后进行目镜、物镜对光，旋紧水平度盘和望远镜的制动螺旋，再调水平度盘和望远镜的微动螺旋，使十字丝交点准确地瞄准目标（见图 4-6）。测量时，将标杆直立于观测点上作为瞄准目标，当瞄准时，最好是使十字丝交点对准标杆下部铁尖，如看不见铁尖，应使十字竖丝平分标杆全部。测量中的联络与信号。测量过程中，尤其是野外测量时，观测人员与前方和后方人员的联络或指挥最好采用无线电对讲机。如果没有对讲机也可采用旗语联络指挥，一般的旗语可自己规定。

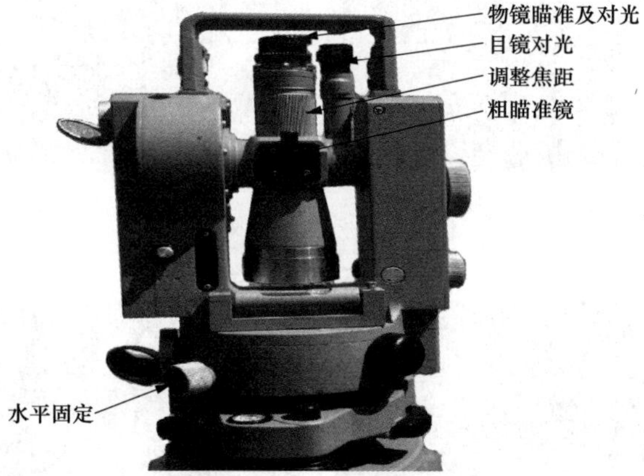

图 4-6　经纬仪的瞄准

（3）精平及读数。读数前必须保证仪器处于精平状态，即保证水平度盘水准管气泡在观测的各个方向都居中，这时才能读取正确的水平度盘读数。竖直盘读数时，竖盘指标水准管气泡也需居中。

3. 使用经纬仪的注意事项与维护

（1）仪器包装箱为塑料或木质包装箱，仪器从箱内取出须小心，应轻拿轻放，一手握住轴座，一手握住三角基座，切勿握扶望远镜。

（2）在三脚架上安装仪器时，要一手握扶轴座，一手旋动三脚架的中心螺旋，防止仪器滑落，卸下时也应该如此。

（3）在冬季观测时，室内外温差较大，仪器在搬到室外或搬入室内时，应间隔一段时间后才能开箱。

（4）外露的光学零件表面如有灰尘时，可用软毛刷轻轻刷去。如有水分或油污，可用脱脂棉或镜头纸轻轻地擦净，切不可用手帕、衣服擦拭光学零件表面。

（5）仪器在不用时应保存在干燥、清洁、通风良好的储存室内，温度应控制在－20～＋45℃之间。

（6）仪器的内包装箱应经常更换干燥剂，应使干燥剂的湿度小于20％，在仪器箱内要放置防霉药片以免仪器生霉。

（7）在使用完搬离测试点时，如果距离较近，仪器可连同三脚架一起搬动，但须小心，最好把三脚架夹在肋下，仪器放在前面并用手保护，避免扛在肩上行走。如果距离较远，取下仪器放进仪器箱内搬走。

任务二　实用的测量方法

【任务描述】

本任务讲解经纬仪的实用测量方法，以及使用经纬仪进行矩形塔、正方形塔和转角塔的分坑测量。

【技能要领】

1. 实用测量方法

（1）仪器放在确定好的转角桩中心点上，通过仪器望远镜对准前方转角桩，根据耐张段长度、导线型号、规格、设计档距、沿途情况均匀分布直线杆塔（一般适用于耐张段长度在 800m 以内，沿途地形平坦，无树木、无障碍物遮挡的情况）。测量时，可用绳尺量取档距，左右移动标杆使其在中心线上即可；也可用塔尺读取数值，计算出档距（一般情况下，档距在 80m 内时用绳尺量取档距较为快速，也较为精确。不平坦地形和山区必须用塔尺读取数值，计算出档距）。

（2）地势有起伏的，特别是转角杆塔处于较低的地方，此时，仪器架的转角位无法看到前方确定的转角点位。此时，宜在耐张段靠中间位置寻找一个地势最高的地方，确保仪器架好后前后标杆（转角点）都能看得清楚。但要找准线路的中心线，需在此处左右摆放仪器数次，最后移到线路的中心线上。再采用上述方法来确定线路杆位点，确定杆塔中心位置，打上桩，做好标记。

（3）测量的线路中心线上有大树、平房或其他障碍物时，仪器架在线路中心线上无法看清前后目标，可在前后两个转角点量出相同的距离。在视线较为清晰的一侧确定前后两个点，将仪器摆在一点上再去寻找另一个点；也可将仪器摆在中间位置去对准前后两个点，再用上述方法来确定线路的杆塔位置。此时的线路桩应反向量出前面移动的距离，确定杆塔位置，并打上杆位中心桩。

（4）测量耐张段较长的线路时（超过 800m），若天色暗淡，仪器架设在转角点上难以看清前方的转角点时，可将仪器放在中间位置，或找一个线路方向地势最高的地方架设仪器。仪器架好后前后方向都能看清楚，在线路方向未确定的线路测量时，找准转角桩后反镜确定前方线路走向是否可行。如可行，就开始测量；如不行，移动仪器至可行位置。如果是耐张段转角桩确定的线路，仪器架设必须移动到线路中心线上。如果中间有障碍物无法看清，则可采用上述第三条的测量方法来完成。

2. 矩形塔分坑、正方形铁塔分坑、转角塔分坑测量

（1）矩形塔分坑。设铁塔顺线路方向根开为 a=4m，横线路方向根开为 b=6m，坑口边长为 d=1m，测量方法如下：

1）选择经纬仪、卷尺、标杆、铁钎、通信工具等并作检查。

2）将经纬仪放于杆塔中心桩 O 上，对中、调平、对光。

3）将望远镜瞄准标杆，调焦并将十字丝精密对准标杆。

4）瞄准，用仪器控制方向，用卷尺控制距离，钉下前桩 A 使 $AO=(a+b)/2$；将仪器换向手轮转于水平位置，打开水平度照明反光镜并调整，使显微镜中读数最亮，转动水平度盘手轮，使读数为一个易于计算的整数角度；将镜筒旋转 90°，在十字丝中间插入标杆，用仪器控制方向，用卷尺控制距离，钉下 C 桩，使 $OC=(a+b)/2$；用同样的方法找到辅助桩 B 和 D，使 $OB=(a+b)/2$、$OD=(a+b)/2$。方位和桩点的确定如图 4-7 所示。

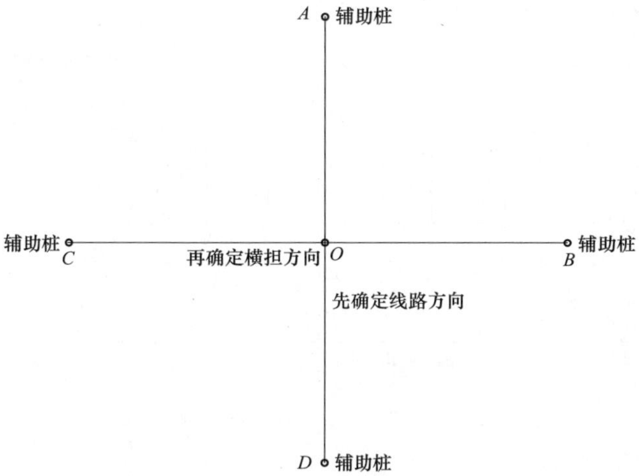

图 4-7　方位和桩点确定

5）用卷尺连接 AC，在此卷尺上量出：$CP=(a-d)\sqrt{2}/2$，$CQ=(a+d)\sqrt{2}/2$，得到 P、Q 两点；取 $2d$ 线长，将两端分别置于 P、Q 两点，拉紧线的中点得到 M 点，翻转至反方向即得 N 点；沿 $NPMQ$ 在地面上画线，即可得到一只基坑。基坑确定如图 4-8 所示。

6）用上述方法得到其他三个基坑，然后检查一次以确保分坑尺寸正确，如图 4-9 所示。

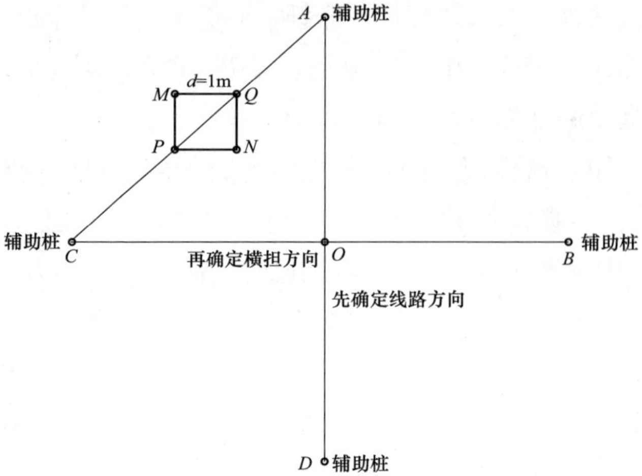

图 4-8 基坑确定

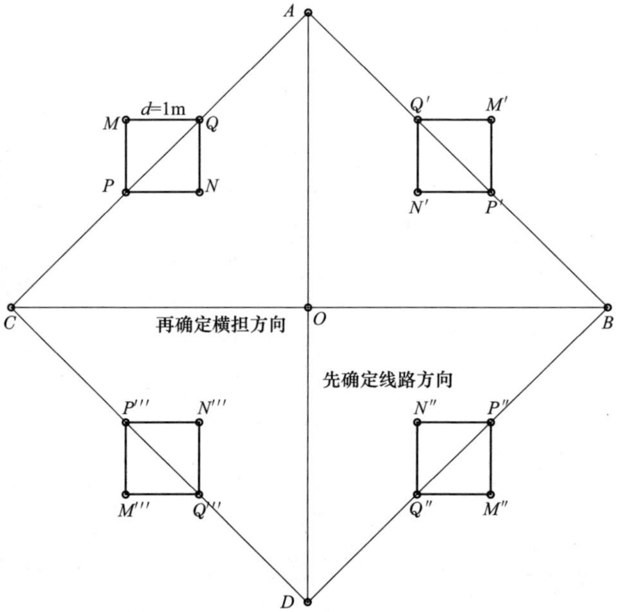

图 4-9 矩形塔分坑

正方形铁塔分坑、转角塔分坑、转角双杆分坑仪器使用与上述相同，如果导线横担有长短不一的，分坑时要先计算出移位值，移位值等于长横担长度减短横担长度并除以 2。

（2）正方形铁塔分坑。

1）设铁塔顺线路方向根开为 $a=4\text{m}$，横线路方向根开为 $b=4\text{m}$，坑口边长为 $d=1\text{m}$。

2）打开三角架，调整脚的高度至人体的胸与肩处，装好仪器，将仪器固定于中心桩位置，并进行对中操作。

3）对中完成后进行整平，复查，确认仪器对中正确且水平。

4）瞄准线路方向中心桩，锁定制动，微调至中心桩完全对准，在恰当位置打好辅助桩，读取水平角度。眼看小镜筒顺时针旋转 90°并锁定，在线路横担方向恰当位置打好辅助桩。

5）眼看小镜筒顺时针或逆时针旋转 45°并锁定，通过微调调到增加或减少的 45°位置。望远镜对准前方，在恰当位置打好辅助桩，展放绳尺，起点固定在中心点，依次在 M、N 点做好两个定位点，使得 $OM=a\sqrt{2}/2-d\sqrt{2}/2$，$ON=a\sqrt{2}/2+d\sqrt{2}/2$。$M$、$N$ 点确定后用绳尺再确定 X、Y 两点，具体做法是绳尺 O 点处于 M，2m 处于 N，在中间 1m 处拉直确定 X 点和 Y 点。基坑确定如图 4-10 所示。

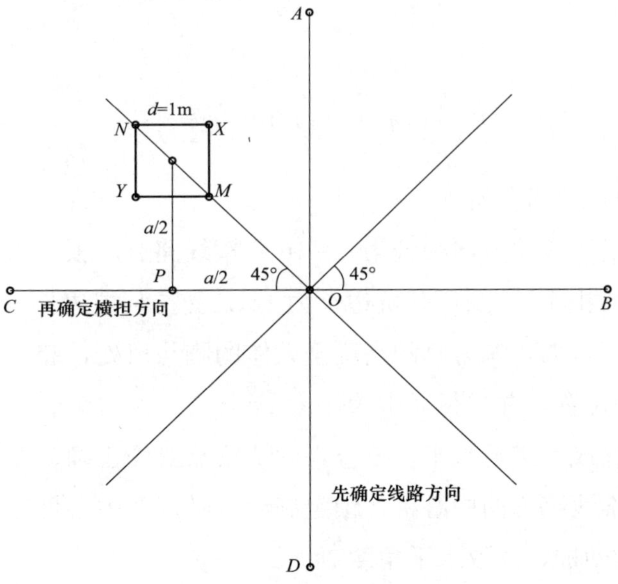

图 4-10 正方形铁塔基坑确定

6）第一个基坑分坑完成后倒镜，用同样的方法将对角的基坑进行分坑。

7）将仪器旋转 90°，用同样的方法先进行一侧基坑的操作，完成后将仪器倒镜进行对角基坑的分坑操作。

8）四个基坑分坑完成后，应对分坑作业进行一次检查或复核操作，确认位置正确，数据精确，如图 4-11 所示。

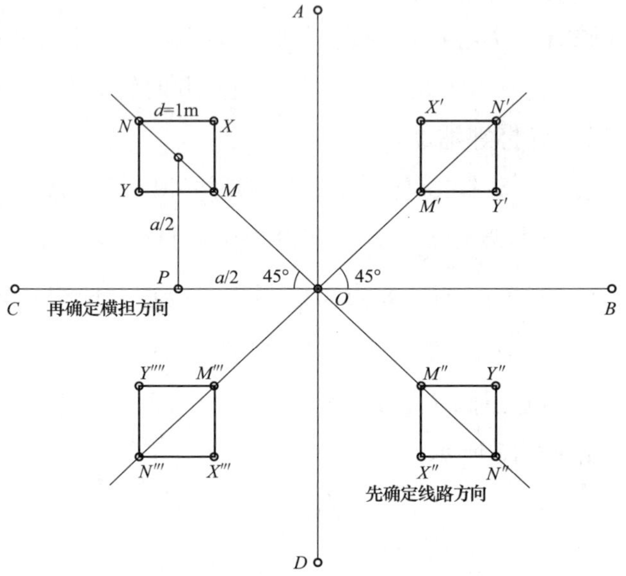

图 4-11　正方形塔分坑

（3）转角位移塔分坑。

1）设铁塔顺线路方向根开为 $a=4$m，横线路方向根开为 $b=4$m，长横担为 2m，短横担 1m，受压基坑边长为 1m，受拉基坑边长为 2m。

2）打开三角架，调整脚的高度至人体的胸与肩处，装好仪器，将仪器固定于中心桩位置，并进行对中操作。

3）对中完成后进行整平，复查，确认仪器对中正确、处于水平。

4）先瞄准线路方向中心桩，锁定制动，微调至中心桩完全对准。在恰当位置打好辅助桩，读取水平角度。

5）将镜筒倒镜，再转动仪器对准线路转角后的方向，在恰当位置打好辅助桩，读取小镜筒内的水平角度，此数值就是转角度数。取 180°减去转角度数除以 2 得到分角线的位置，仪器沿着刚才转动的方向再旋转分角线的度数值并将仪器锁定，通过微调并将仪器对向所算出的角平分线上，在恰当位置打好辅助桩，并在所确定移位值（长横担减去短横担的 0.5 倍）处打好桩，定好中心点。转角及移位值的确定如图 4-12 所示。

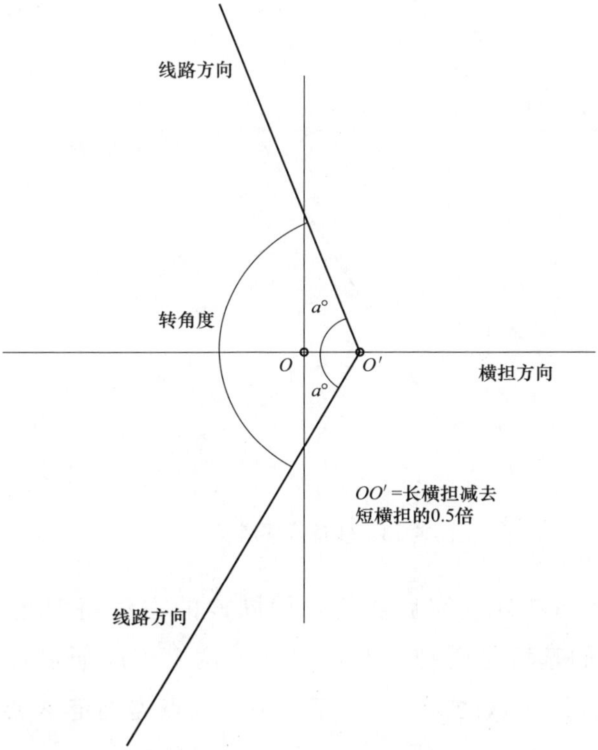

图 4-12　转角及移位值确定

6）搬动仪器至移位桩，进行对中和整平操作。完成后镜头对准横担方向辅助桩，读取度、分、秒，或将水平角调至零度，将数值加 45°或减 45°。旋转镜筒调至精确位置，并在前方恰当位置打好辅助桩，放开绳尺，从仪器中心点拉出，确定基坑 M、N 点，通过计算 $OM=a\sqrt{2}/2-d\sqrt{2}/2$，$ON=a\sqrt{2}/2+d\sqrt{2}/2$，在这两点上打好辅助桩，再将皮尺起点和 2m 处于这两点上，拉直后在 1m 点先确定 X 点，反向再确定 Y 点，如图 4-13 所示。

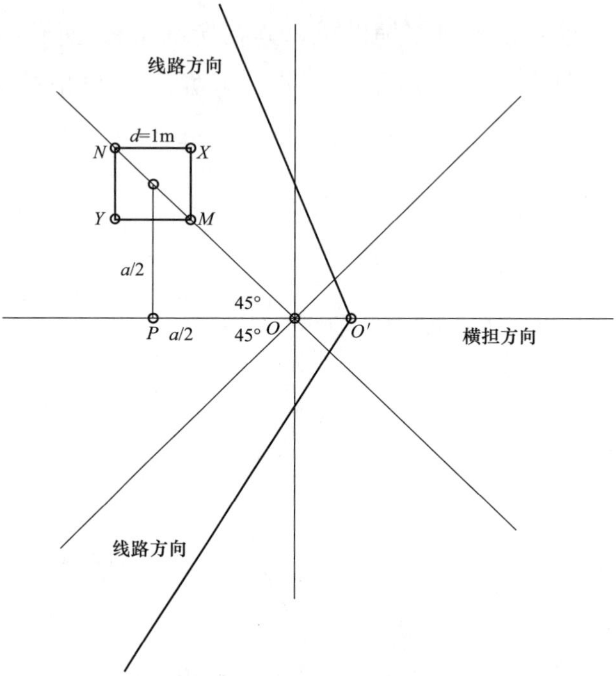

图 4-13 转角位移塔基坑确定

7）第一个基坑分坑完后倒镜，用同样的方法将对角的基坑进行分坑。由于对角的基坑是受拉，基坑尺寸的两个点应通过计算得出。再将皮尺起点和 4m 处于这两点上，拉直后在 2m 点先确定 X 点，反向再确定 Y 点。

8）将仪器旋转 90°，用同样的方法先进行一侧基坑的操作，完成后将仪器倒镜进行对角基坑的分坑操作。应注意内角和外角，防止分错。

9）30°以上的转角塔的受压和受拉基坑是不同的，外角是受拉的，基础要大，内角是受压的基坑要小，千万不能搞错。

10）四个基坑分坑完成后，应对分坑作业进行一次检查或复核操作，确认位置正确，数据精确，如图 4-14 所示。

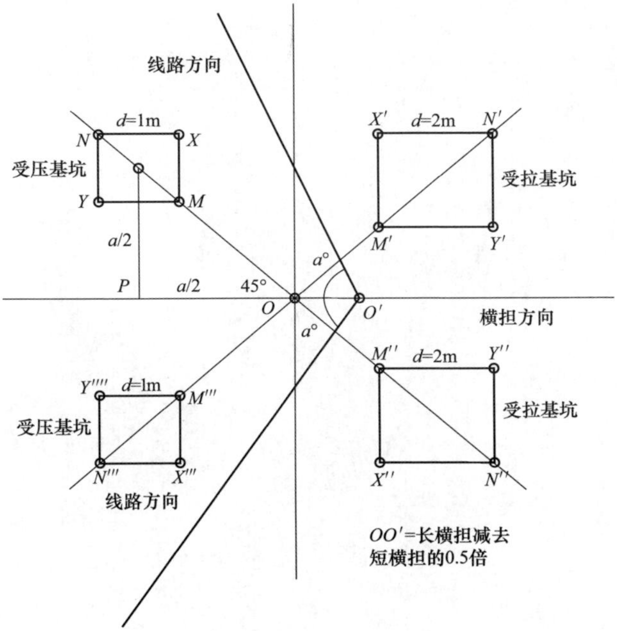

图 4-14 转角位移塔分坑

项目五

拉线制作与安装

【项目描述】

拉线是输配电线路的重要组成部分，在线路中起着平衡杆塔的不平衡张力，稳定杆塔的作用。制作一根好拉线是一个配电线路工的必备技能，也是劳模陈新益师傅的典型操作技能之一。本项目介绍拉线制作的技巧和操作要领，重点讲述了陈新益独创的两点弯曲法制作拉线的绝活。

任务一 拉线制作过程和要领

【任务描述】

本任务主要讲解拉线制作的技术要领、技能技巧、动作过程和质量要求等内容。

【技能要领】

1. 拉线制作

以制作一条 LGJ-50 带绝缘子拉线为例进行讲解。

（1）拉线制作和安装所需工器具如表 5-1 所示，作业前应进行外观检查，要求表面无损。

表 5-1 拉线制作所需工器具

序号	名称	规格	单位	数量
1	个人用具	登杆工器、随身工器	套	1
2	木槌		个	1
3	断线钳	30 或 36in	个	1
4	紧线器	根据钢绞线规格选择	个	1
5	卡线器	根据钢绞线规格选择（2 型）	个	1
6	卸扣或钢丝绳套	1t	个	1
7	传递绳	15m	根	1
8	刷巴		个	2

（2）先截取绝缘子上端拉线长度，一般取拉线总长的 1/4 左右。为了防止钢绞线剪断后出现散股情况，钢绞线剪断前应用 20 号铁丝在端头处绑

扎 5～8 圈后再剪断（见图 5-1）。剪断时为了防止端头突然弹起伤人，必须用脚及手控制好钢绞线。

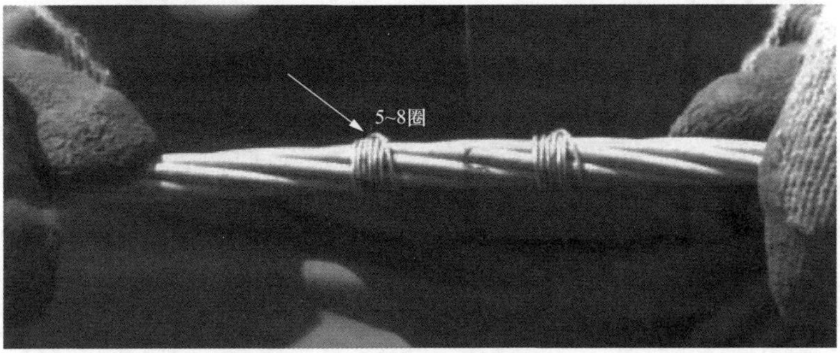

图 5-1　截取钢绞线

(3) 上把拉线尺寸定位要求。先确定上把拉线准备留有的尾线长度，$50mm^2$ 的上把拉线尾线留 400mm 较恰当，线夹内需增加的长度为 140mm，通过计算可知弯曲的点到尾线端头的距离为 540mm，并做好划印（见图 5-2）；尾线绑扎长度为 80～100mm，外加尾线端头 20～30mm，应在距端头处 110～120mm 处做好绑线划印（见图 5-3）。$35mm^2$ 的上把拉线尾线留 350mm 较恰当，线夹内需增加的长度为 140mm，通过计算可知弯曲的点到尾线端头的距离为 490mm，并做好划印。$70mm^2$ 的上把拉线尾线留 450mm 较恰当，线夹内需增加的长度为 180mm，通过计算可知弯曲的点到尾线端头的距离为 630mm，并做好划印，尾线绑扎要求与 $50mm^2$ 相同（见图 5-4）。

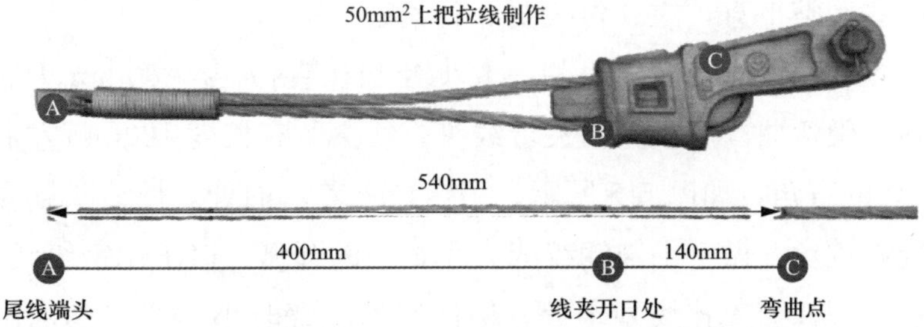

图 5-2　上把拉线尺寸划印定位

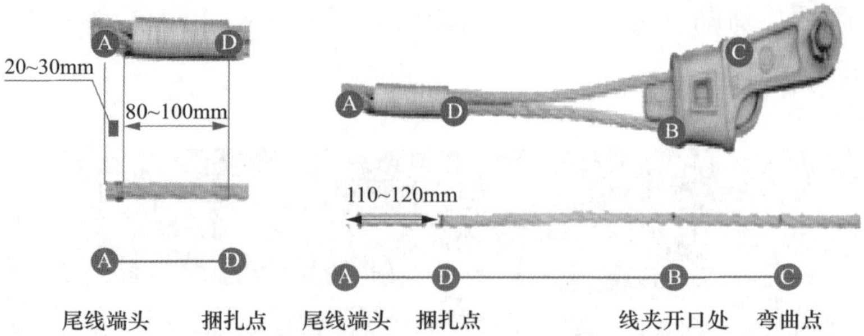

图 5-3 上把拉线尺寸绑线划印定位

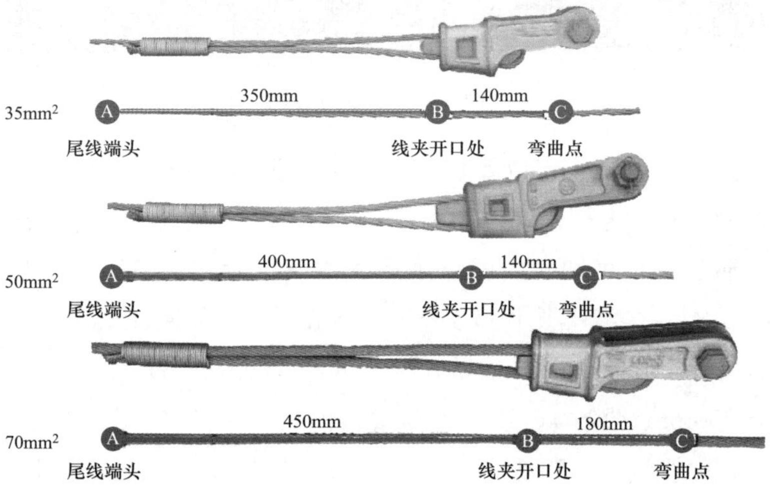

图 5-4 上把拉线尺寸绑扎要求

（4）线夹安装。将舌板装入圆弧内，左脚踩着钢绞线，左手握着线夹，用力拉紧。如果不能到位，用左手握着钢绞线，右手用木锤将线夹敲紧，并将钢绞线调整平直，主、付线要做到紧贴、平直。

（5）扎线。铁丝要盘成小圈，大小控制在直径 50～80mm 为宜，不得出现明显的硬弯曲。用钢丝钳夹着线头，线头留有长度 120mm 左右，向外弯一个 90°的直角，如图 5-5 所示。用钳口夹着弯曲处，使线头朝左手，左手拇指控制铁丝，做一个与钢绞线大小相同的圆弧。口子比钢绞线稍小些，将弯好铁丝圆弧套入扎线划印处，保证铁丝缠绕时小圈能自然回出。为了便于绑扎可将楔形线夹用左脚控制或装于拉棒控制。开始绑扎第一圈时，右手紧握钢绞线，左手拇指用力将铁丝压下完成第一圈。扎线缠绕时，左手拇指与食指配合完成压和挤，并控制缠绕位置，达到压、卡、拉同时相互作用，达到扎线长度后，打麻花。打麻花前须将线头交叉成 90°，这样才能保证在打麻花时两根铁丝同时转动。最后用钢丝钳夹紧，将铁丝转 3 下即可，确保有 3 个麻花，剪去多余铁丝，并将麻花压平。

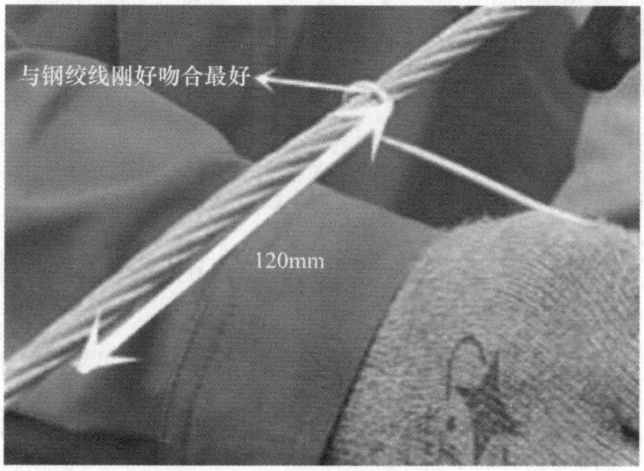

图 5-5 扎线铁丝盘尺寸

（6）采用钢绞线预绞丝的绝缘子。钢绞线预绞丝穿入拉线绝缘子，必须确保两根预绞钢绞线是交叉的，使绝缘子处于受压状态。预绞丝在与钢绞线缠绕前也必须将其弯一个角度。其做法是将预绞丝向内弯曲，将结合处用力反弯，并调至直线状态，这样会使预绞丝缠绕长度达到足够长度。钢绞线在缠绕前要确保尾头在缠绕处与绝缘子有一个空隙距离（20～30mm 为宜）。先将一根预绞丝按方向缠绕好，再绕第二根；也可将两根入位后进行同时缠绕，一端完成后用同样的方法完成另一端的操作，如图 5-6 所示。采用楔型线夹做拉线绝缘子，做法与上把拉线一样，重复做两个后与绝缘子进行组装。

（7）上杆安装拉线抱箍和挂拉线。

1）登杆。按上杆作业的要求完成电杆、登杆工具等的检查工作和安全工器具的冲击试验。取得现场施工负责人的允许后带上必备的操作工具上杆，在指定位置站好位并调整好安全带长度，绑好传递绳，上杆过程和杆上作业不得失去安全保护。

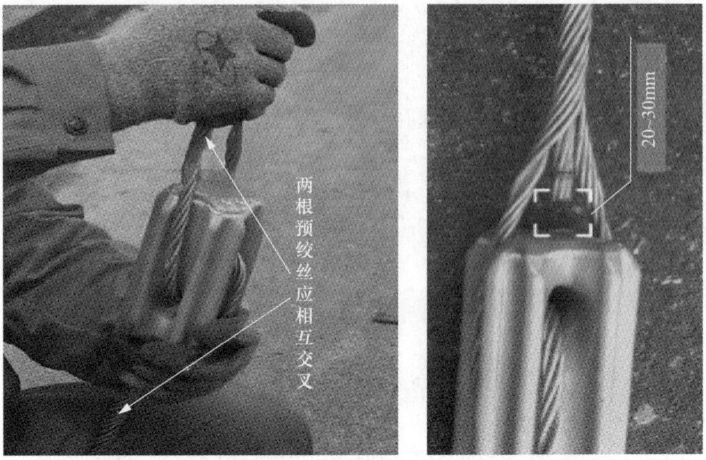

图 5-6　预绞丝制作拉线绝缘子

2）安装拉线抱箍。将拉线抱箍连接延长环传递到杆上且固定安装在电杆的合适位置（一般与横担紧贴），并根据拉线装设的要求，调整好拉线抱箍方向。

3）安装拉线。连接楔型线夹与延长环，穿入螺栓，插入销钉。此过程需要保证楔型线夹凸肚的方向朝向地面，或保证拉线上所有线夹的凸肚侧朝一个方向，螺栓穿向应符合施工验收规范的要求（面向电源侧由左向右穿）。

4）下杆。拉线安装完成后，作业人员清理杆上工具下杆，结束拉线上把的安装作业。

（8）下把拉线制作。

1）装好手扳葫芦，拉紧钢绞线，装好卡线器，挂上手扳葫芦。收紧拉线后电杆应有一定的倾斜度，架线前应预偏 200～300mm。如果拉线与电杆较近或耐张段长度较长及导线型号较大，可再适当增加预偏，如图 5-7 所示。

2）将 UT 型线夹拆下，丝扣涂上黄油，将 U 型螺栓套入拉棒，量取钢绞线的弯曲点。截面为 50mm^2 的钢绞线的弯曲点取丝纹中心往下 1～2 个螺帽处，并划印，尾线留 400～450mm（见图 5-8），线夹内 160mm（见图 5-9）。从弯曲处量取 540～590mm（见图 5-10），并进行防散股绑扎及剪断钢绞线。

图 5-7 检查电杆倾斜度

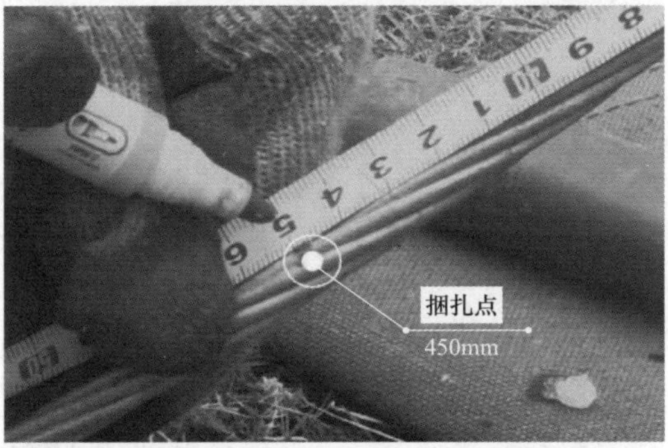

图 5-8 下把拉线捆扎点尺寸定位

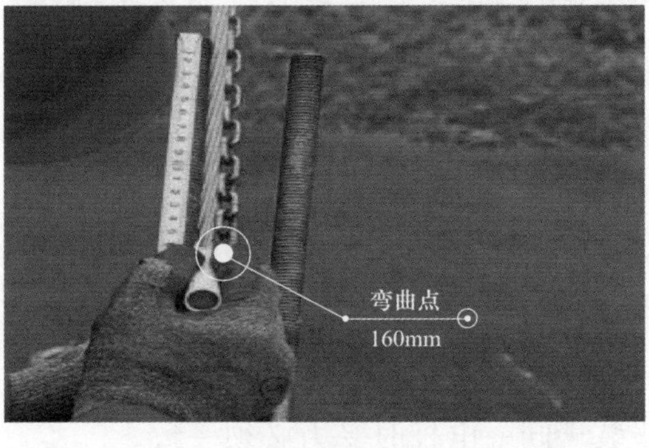

图 5-9 下把拉线弯曲点尺寸定位

3）做圆弧和绑线，方法及工艺要求与上把拉线相同。UT 型线夹安装时双螺帽要拧紧，上面至少留有两个以上丝扣，下方可调丝要大于一半丝扣以上。线夹安装后要居中，线夹凸肚的方向朝下，完成安装后拉线要受力，如图 5-11 所示。

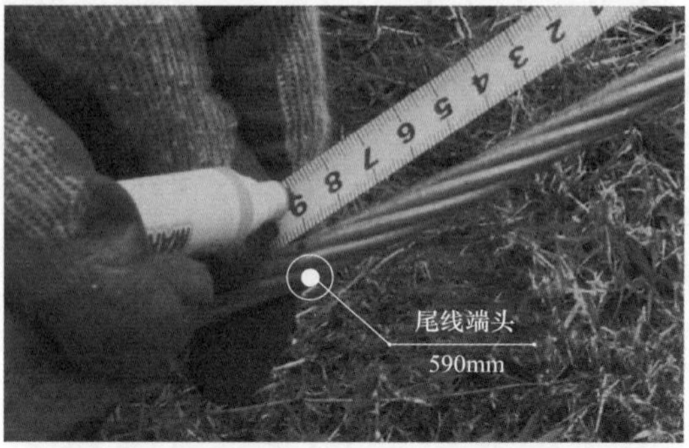

图 5-10　下把拉线尾线尺寸定位

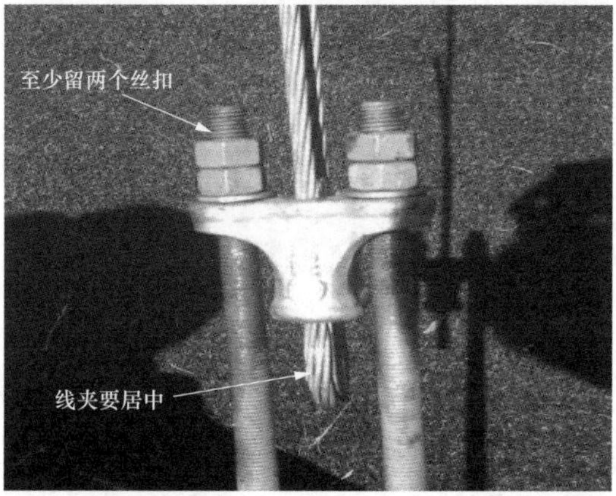

图 5-11　下把拉线安装要求

4）安装完成后拆下卡线器及手扳葫芦并收好。在铁丝和端头处刷上防锈漆，装好拉线警示杆，收拾场地，做到工完料尽场地清。

2. 验收质量要求

（1）多层拉线装于同一电杆时受力必须一致。

（2）拉线断裂后绝缘子离地的垂直距离必须大于 2.5m。

（3）线夹凸肚应统一朝下，可防止因拉线因积水后生锈而烂断主线，发生事故。

(4) 组装的拉线线夹与钢绞线、抱箍、螺栓、延长环、拉盘、拉棒等必须匹配。规格型号符合设计要求。

(5) 在平原地区拉线与电杆的对地夹角必须大于30°。

(6) 拉线做完后必须套上拉线警示杆，拉棒出土部分为500～700mm。

(7) 要确保拉线受导线张力后，电杆向拉线侧倾斜半个到一个梢径；上下楔型线夹及UT型线夹的凸肚和尾线方向应一致并朝下，同一组拉线使用双线夹并采用连板时，其尾线端的方向应统一。

(8) 水平拉线的拉桩杆的埋设深度＝(杆高/10＋0.7m)，拉线距道路边的垂直距离不应小于6m，拉桩坠线与拉桩杆夹角不应小于30°，拉桩杆应向张力反方向倾斜10°～20°，坠线上端（拉线抱箍）距杆顶应大于250mm。

任务二 劳模特色——两点弯曲法制作拉线

【任务描述】

本任务主要介绍劳模陈新益独创的两点弯曲法。通过对两点弯曲法的图解示意，掌握使用两点弯曲法制作拉线的诀窍。

【技能要领】

1. 两点弯曲法制作上把拉线

(1) 制作过程。先将钢绞线弯一个150°左右的弧度，如果不够，再拉一把，如果过了，可以反向拉一把，如图5-12所示。为了能使弯曲的圆弧与舌板接触良好，必须做两个圆弧。第二个圆弧是难点，也是关键点。第二个圆弧的调整尺寸一般比舌板稍宽些，具体做法是：调整手势，将弯曲处向尾线侧移动，左手手掌顶着第一个圆弧，右手拉着尾线，左手四指用力捏紧，同时发力，完成第二个圆弧，如图5-13所示。两个圆弧角度的大小应与舌板相吻合，宜大不宜小。

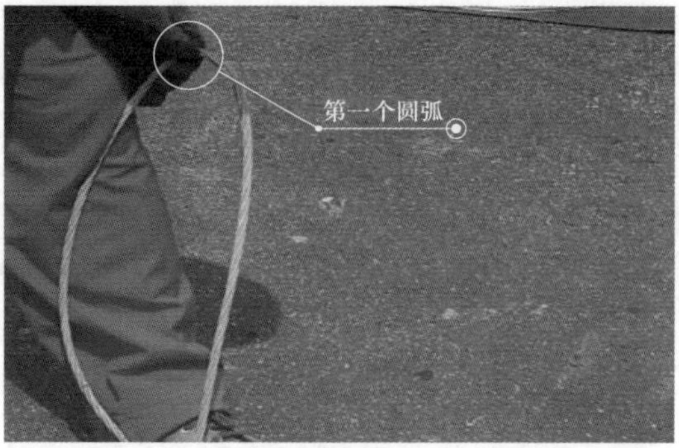

图 5-12 两点弯曲法制作拉线（一）

图 5-13 两点弯曲法制作拉线（二）

（2）站位和姿势。由于两点弯曲法对操作者的用力技巧要求比较高，所以站位和姿势显得尤为重要。操作者应面向钢绞线展开方向把线夹套入钢绞线，操作顺序为：线头从线夹的开口处穿进，螺栓处出来，钢绞线必须在凸肚侧。右手紧握尾线，左手食指握着弯曲点，左脚踩着钢绞线。钢绞线弯曲点高度的最佳位置应处于操作者的膝盖处，使左手手背紧贴膝盖部位，这样的姿势易发力，且省力，如图 5-14 所示。如果弯曲时将弯曲点控制在大腿及以上部位，一是失去了依托，二是无法借助腰部的力量，做弧度时易伤手，且一般的手握力也难以将钢绞线折弯到理想的弧度。姿势过低也不易不发挥。

（3）圆弧处的调整。两点弯曲法制作拉线时，圆弧处的调整是制作一个好的上把拉线的关键。因为线夹舌板是直线型的，为了能使钢绞线与舌

图 5-14　站位和姿势

板接触更加紧密，必须在弯曲圆弧上端部将钢绞线向反方向调直。用手调整时手握处离圆弧底部越近越好，左手紧握，右手将尾线进行反向调直，双手紧握圆弧将主线调直，再左脚踩着钢绞线进行反向调整，如图 5-15 所示。调整后如果圆弧偏大了，可再次弯曲和调整，直至合适为止。

图 5-15　圆弧处调整

2. 两点弯曲法特点

相比于传统的制作方法，两点弯曲法能够又快又好地制作好拉线，因为用两点弯曲法制作好的拉线能够与线夹舌板做到完全吻合（见图 5-16），能更容易地装入线夹，省去了用铁锤敲打的时间。而用传统方法制作的拉线就算用铁锤敲打，也很难做到与线夹舌板完全吻合，并且很容易破坏线夹和钢绞线的表皮镀锌，甚至可能导致钢绞线断股。

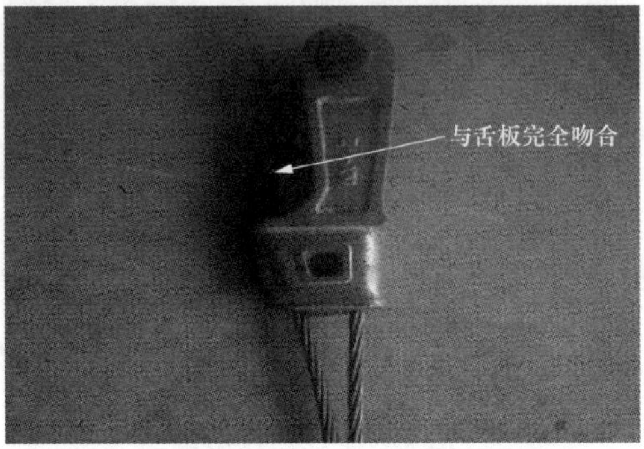

图 5-16　两点弯曲法制作好的上把拉线

项目六

裸导线的连接处理

【项目描述】

裸导线的连接处理是配电线路工必须要掌握的技能之一。本项目介绍使用预绞丝修复导线、钳压法压接导线和陈新益劳模独创的插接法等内容。

任务一 裸导线连接处理工作准备

【任务描述】

本任务主要讲解在裸导线连接处理前的准备工作，如工器具、材料的准备，工作前的检查工作等。

【技能要领】

导线断股修复、压接所需工器具见表 6-1。

表 6-1 导线断股修复、压接所需工器具

序号	名称	型号	单位	数量
1	断线钳	1 号	把	1
2	钢卷尺	3m	个	1
3	导电膏		盒	1
4	红蓝铅笔		支	2
5	钢丝刷		把	2
6	涂料刷		把	2
7	压接钳及压模		套	1
8	锉刀		把	1
9	绑扎线		盘	1
10	橡胶锤		把	2
11	游标卡尺		个	1
12	防潮布		块	1
13	木板		块	2

导线断股修复所需材料见表 6-2。

表 6-2 导线断股修复所需材料

序号	名称	型号	单位	数量
1	预绞丝		套	按计划
2	绑线		盘	若干
3	铝包带		盘	若干
4	松动剂		瓶	1
5	钢锯条		条	10
6	棉纱布		m	1.5
7	接续管		套	按计划
8	汽油		L	2
9	绝缘子			按计划
10	各种金具			按计划
11	红油漆		L	0.25

导线钳压口尺寸和压口数见表 6-3。

表 6-3 导线钳压口尺寸和压口数

导线型号		钳压部位尺寸			压口尺寸 D(mm)	压口数
		a_1(mm)	a_2(mm)	a_3(mm)		
钢芯铝绞线	LGJ-16	28	14	28	12.5	12
	LGJ-25	32	15	31	14.5	14
	LGJ-35	34	42.5	93.5	17.5	14
	LGJ-50	38	48.5	105.5	20.5	16
	LGJ-70	46	54.5	123.5	25.5	16
	LGJ-95	54	61.5	142.5	29.5	20
	LGJ-120	62	67.5	160.5	33.5	24
	LGJ-150	64	70	166	36.5	24
	LGJ-185	66	74.5	173.5	39.5	26
铝绞线	LJ-16	28	20	34	10.5	6
	LJ-25	32	20	35	12.5	6
	LJ-35	36	25	43	14.0	6
	LJ-50	40	25	45	16.5	8
	LJ-70	44	28	50	19.5	8
	LJ-95	48	32	56	23.0	10
	LJ-120	52	33	59	26.0	10
	LJ-150	56	34	62	30.0	10
	LJ-185	60	35	65	33.5	10

续表

导线型号		钳压部位尺寸			压口尺寸 D(mm)	压口数
		a_1(mm)	a_2(mm)	a_3(mm)		
铜绞线	TJ-16	28	14	28	10.5	6
	TJ-25	32	16	32	12.0	6
	TJ-35	36	18	36	14.5	6
	TJ-50	40	20	40	17.5	8
	TJ-70	44	22	44	20.5	8
	TJ-95	48	24	48	24.0	10
	TJ-120	52	26	52	27.5	10
	TJ-150	56	28	56	31.5	10

注 压接后尺寸的允许误差：铜钳压管为±0.5mm，铝钳压管为±1.0mm。

工作前的检查内容如下：

（1）检查钳压管或液压管表面及管内是否光滑、无凸凹现象，无氧化及腐蚀，有无裂纹毛刺，是否平直，其弯曲度不得超过1%。

（2）检查使用的接续管和预绞丝与导线规格一致。

（3）检查连接管上有无划出的钳压印记。

（4）检查钢压模是否与导线规格匹配。

任务二　裸导线的连接处理

【任务描述】

本任务讲解了裸导线连接的处理过程，根据裸导线的损伤情况，确定对其进行修补或是压接处理。

【技能要领】

1. 导线断股修复的工作流程

导线断股修复的工作流程见图6-1。

2. 裸导线的修补

（1）缠绕法修补导线。当发现导线截面损伤在7%以下，损伤深度在单股线直径的 1/3 之内时，一般采用缠绕法修补导线，即在导线损伤处缠绕同规格同金属的单股导线对损伤部位进行缠绕。缠绕长度为损伤长度两端各加 30mm 以上，缠绕应紧密，工艺美观，接触良好，如图 6-2 所示。

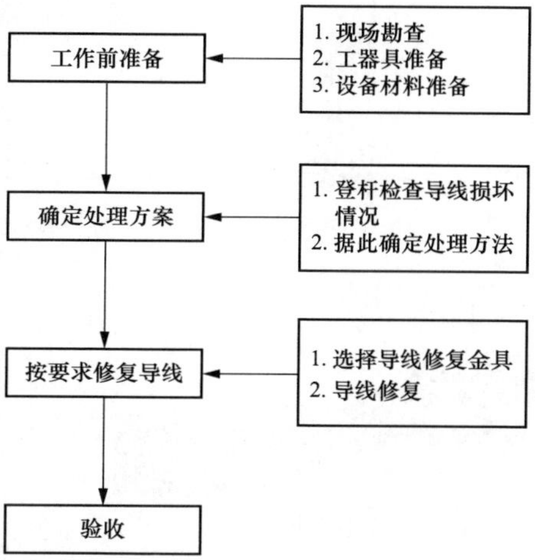

图 6-1　导线断股修复的工作流程

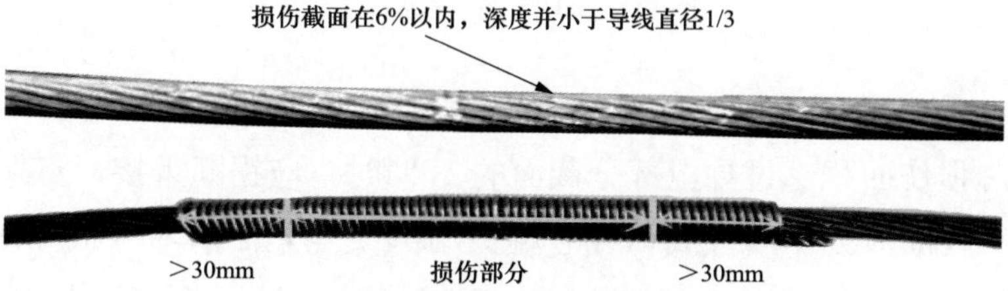

图 6-2　缠绕法修补导线

（2）用预绞丝修复裸导线。线芯截面损伤不超过导电部分截面的 17％时，损伤深度在单股线直径的 1/3 之内时可采用预绞丝修复裸导线，先将受伤线股处理平整，用蘸有汽油的棉布清洁导线及预绞丝，用钢丝刷来回刷去导线上的污垢，并用钢丝刷背部敲击导线，振掉其污垢，清除长度为预绞丝的 2 倍；缠绕的预绞丝中心应与导线在损伤最严重中心处紧密接触。缠绕好第一根预绞丝后，随后两根预绞丝应同时缠绕，且两端应超出损伤部位 100mm 以上，长度不得小于 3 个节距，如图 6-3 所示。

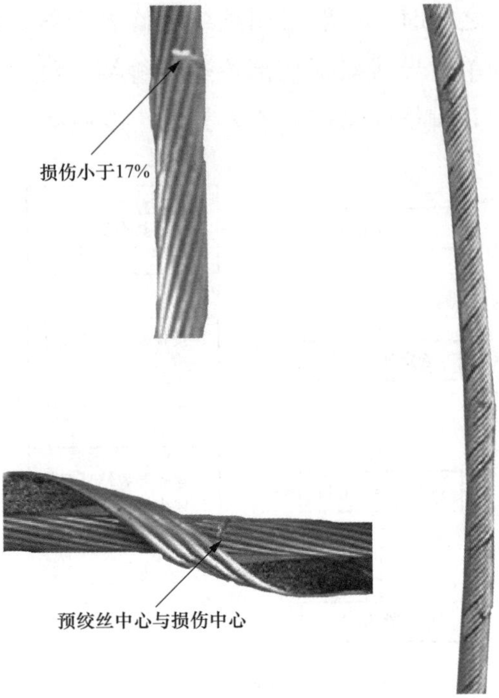

图 6-3 用预绞丝修复裸导线

3. 裸导线的压接处理

线芯损伤面积超过导电部分截面的 17%时，应锯断重接，步骤如下：

(1) 在断股处锯断导线，线芯端头用绑线扎紧。清除两根导线压接部分的污垢。用钢丝刷来回刷导线，并用钢丝刷背部敲击导线，振掉其污垢。清除长度为连接管的 2 倍。清除接续管内壁的污垢。可以用较小的涂料刷或棉布穿过管子，拿住棉布两头来回擦拭。待擦拭导线、铝接续管、铝芯垫片的汽油挥发后，用干净的棉布再擦拭，并涂导电膏。按导线规格选择接续管，并对接续管进行压接尺寸的划印。接续管弯曲不得大于管长的 1%，无破裂等质量问题。

(2) 将两导线头穿过铝接续管，并恢复端头绑扎线。先压的一端线头应露出 20～30mm，后压的一端线头应露出 30～40mm，然后根据表 6-3 中所规定的压口尺寸和压口数对接续管进行尺寸定位，如图 6-4 所示。

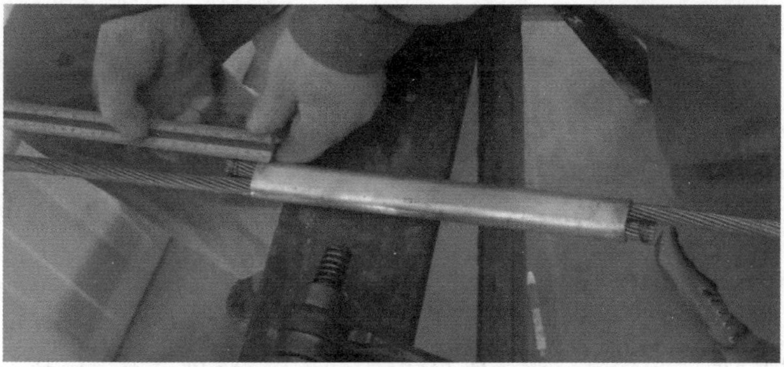

图 6-4 接续管尺寸定位

（3）压接。一人操作压接钳，另一人扶好压接钳头部与铝接续管。对于钢芯铝绞线，两端线头应露出 30～40mm，主线对侧应有两个压口，并从中间开始向一端上下交错压接。压接时，应对准压模中心，一侧压接完毕后，返回中间开始向另一端上下交错压接（当采用液压钳时，每压好一个模时不要马上松开钢模，应停留 30s 以上时间再松开），铝绞线两端最后一模均应压在导线的副头上。对铜或铝绞线，应从一端开始上下交错压接至另一端，且两端最后一模均应压在导线的副头上。第一模压接好后必须用游标卡尺测量压接深度是否满足要求，图 6-5 为压接好后的铝绞线。

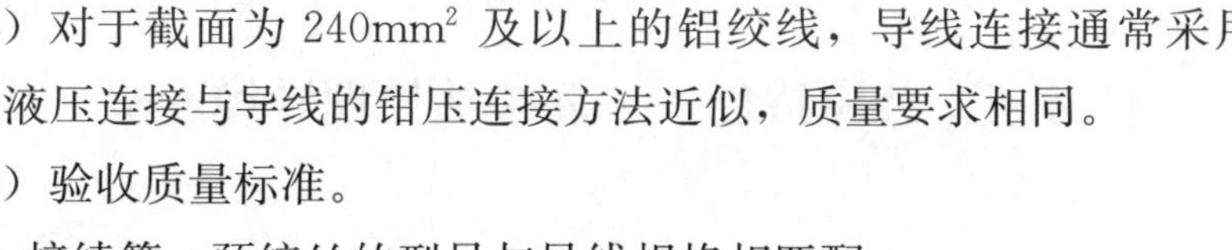

图 6-5 裸导线压接处理

（4）对于截面为 240mm² 及以上的铝绞线，导线连接通常采用液压。导线的液压连接与导线的钳压连接方法近似，质量要求相同。

（5）验收质量标准。

1）接续管、预绞丝的型号与导线规格相匹配。

2）压缩连接接头的电阻不应大于等长导线的电阻的 1.2 倍，机械连接接头的电阻不应大于等长导线的电阻的 2.5 倍，档距内压接接头的机械强度不应小于导体计算拉断力的 90%。

3）导线接头应紧密、牢固、造型美观，不应有重叠、弯曲、裂纹及凹凸现象。

4）钳压后，导线的露出长度大于或等于 20mm，导线端部绑扎线应保留。

5）压接后，接续管不得出现破碎、裂缝等现象，接续管两端导线不应有抽筋、灯笼等现象。

6）接续管弯曲度不应大于管长的 2%，压接后铝导线压坑深度误差不应超过规定值的±1mm，钢芯铝绞线压接后压坑深度误差不应超过规定值的±0.5mm，略有弯曲时应校直。

7）压接后，接续管两端出口处、合缝处及外露部分应涂刷电力复合脂，在适当部位打上操作者的工号。

4. 其他要求

（1）不同金属、不同规格、不同绞向的导线，严禁在档内连接。

（2）一个档距内，每根导线只允许有一个承力接头，且接头距导线固定点的距离：直线杆大于 0.5m，耐张杆大于 15m。

（3）连接后的电阻值不应大于等长导线的电阻。

（4）连接后的拉断力不应小于同规格拉断力的 90%。

（5）铜导线与铝导线连接时，应采取铜铝过渡连接。

5. 安全注意事项

（1）导线压接使用汽油，现场严禁抽烟、防火、防灾，防止火灾是第一要务。

（2）采用液压机时，防止手被压模压卡，配合要默契。

（3）高空压接时要做好防高处坠落的安全措施，并防止高处落物伤人。

任务三　劳模特色——插接法处理导线连接

【任务描述】

本任务主要讲解劳模陈新益独创的插接法处理导线连接。

【技能要领】

插接法适用于处理截面为 $50mm^2$ 及以下且只有 7 股及以下散线的导线连接，以截面为 $25mm^2$ 导线为例：

（1）先对导线插接长度进行尺寸定位，$25mm^2$ 导线一般量取 450mm（小一规格少量取 50mm，大一规格多量取 50mm）以上，如图 6-6 所示；将量取的导线进行绝缘剥削和清洗，并用钢丝钳将后端导线进行收紧，收紧的导线一般为 100～120mm，然后将收紧导线的前端导线的散股，如图 6-7 所示。

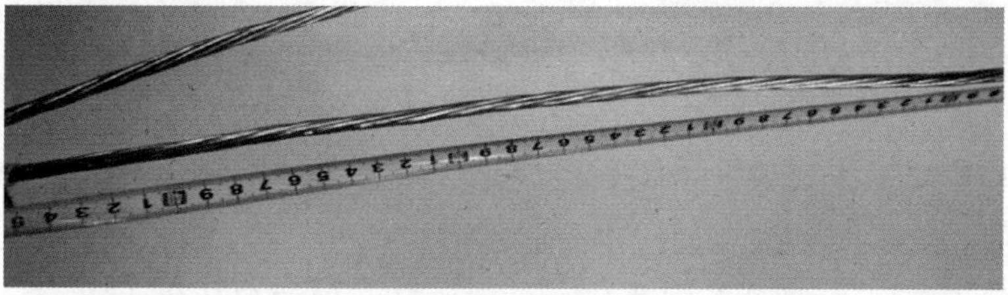

图 6-6　导线尺寸定位（一）

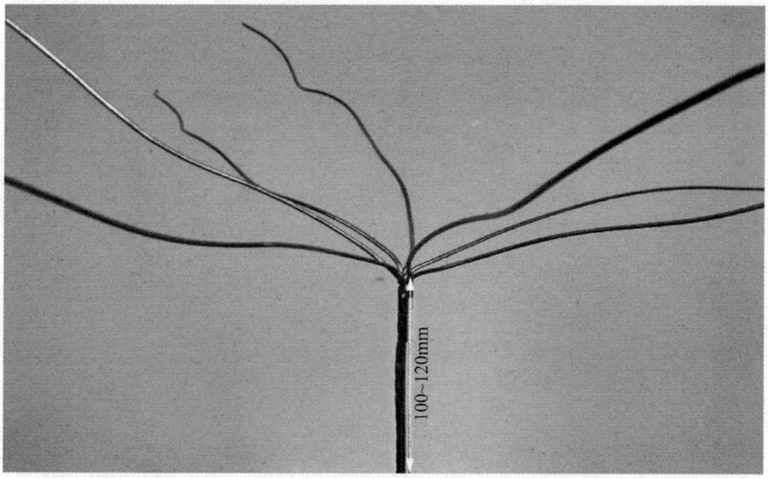

图 6-7　导线尺寸定位（二）

（2）将两散股的导线进行交叉，散股单线必须两两交叉（见图 6-8）；然后将导线收紧（见图 6-9），收紧后用散股的单线对导线进行绑扎（见图 6-10）。

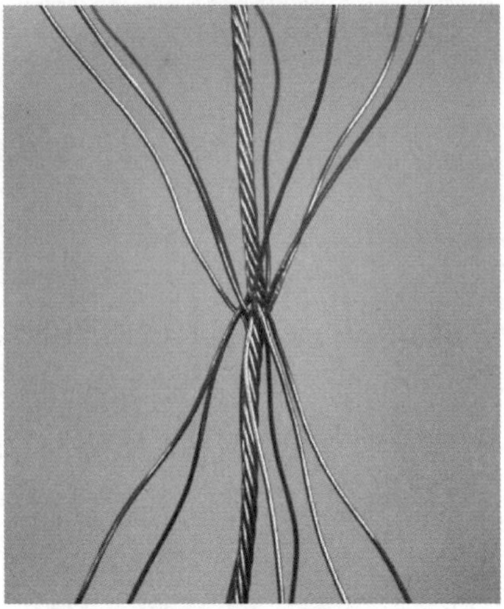

图 6-8　导线交叉

图 6-9　导线收紧

（3）用插接法处理好导线后，如果导线带有绝缘皮，需对其进行绝缘处理。使用绝缘胶带缠绕插接部分时每圈应重叠一半，来回至少缠绕两次，如图 6-11 所示。胶带较薄时应增加缠绕次数，以确保绝缘水平。

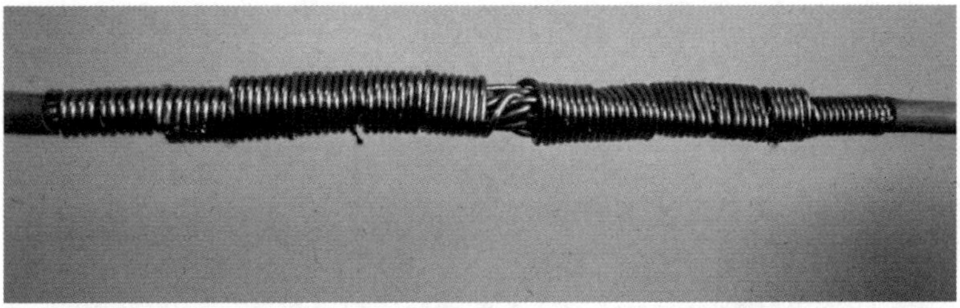

图 6-10　导线绑扎

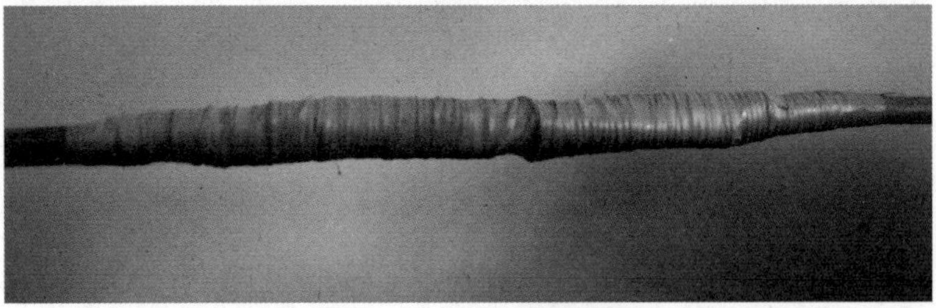

图 6-11　导线的绝缘处理

项目七

绝缘导线的压接处理

【项目描述】

在配电线路中绝缘导线经常遭遇雷击或外力破坏断线，但目前针对绝缘导线的断线处理，一般是直接更换一档新线，或进行直线改耐张处理，浪费了大量的人力和物力。劳模陈新益根据其30多年的配电工作经验，发现绝缘导线的直径规格与小一规格的裸导线基本一致，这样可以与裸导线一样对其进行压接处理，并使用冷缩绝缘管和绝缘胶带对其进行绝缘恢复。本项目即是介绍劳模陈新益独创的绝缘导线压接处理方法。

任务一　绝缘导线压接处理前的工作准备

【任务描述】

本任务主要讲解在绝缘导线压接处理时的前期准备工作。

【技能要领】

1. 工器具

连接绝缘导线所需的工器具如表7-1和图7-1所示。

表7-1　　绝缘导线连接工器具

序号	名称	型号	单位	数量
1	红蓝铅笔		支	1
2	钢丝刷		把	2
3	涂料刷		把	2
4	压接钳（或液压钳）及压模		套	1
5	锉刀		把	1
6	木锤		把	1
7	游标卡尺		个	1
8	绝缘剥切工具		把	1
9	断线钳		把	1

续表

序号	名称	型号	单位	数量
10	直钢尺		把	1
11	接续管		套	1
12	汽油		L	若干
13	导电膏		盒	1
14	绝缘套管		个	2
15	绝缘自粘带		盘	1
16	灭火器		个	1

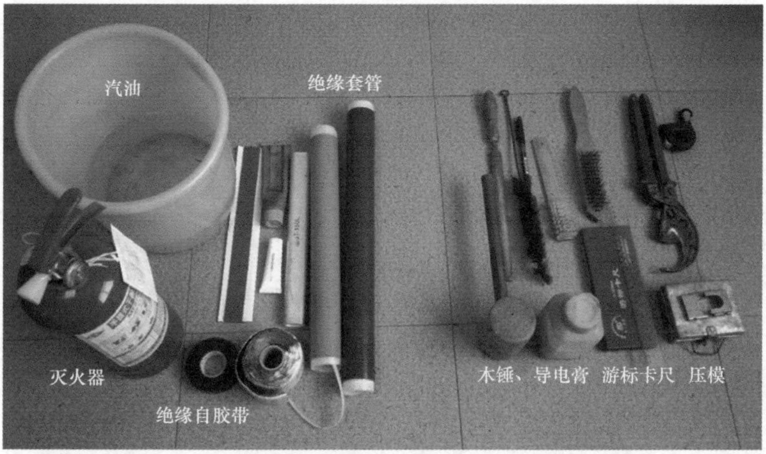

图 7-1　绝缘导线压接处理工器具

2. 工作前的检查

(1) 绝缘导线由于带有绝缘层，其内部导线往往与小一规格的裸导线的直径差不多，所以所使用的连接管比绝缘导线的规格小一级。检查钳压管、液压管表面及管内是否光滑，有无凸凹现象，无氧化及腐蚀，有无裂纹毛刺，是否平直，其弯曲度不得超过管长的1%。

(2) 检查使用的导线与原导线是否同一规格。

(3) 连接管上有无划出钳压印记。

(4) 检查压模是否与导线及连接管规格匹配。

(5) 检查绝缘护套管（内层绝缘护套及外层绝缘护套）在合格期内，

表面光滑，无划痕、硬伤、裂纹。

任务二 绝缘导线压接处理过程及其要求

【任务描述】

本任务主要讲解绝缘导线连接处理的过程和连接完成后的绝缘处理过程及其要求。

【技能要领】

以连接 185 规格绝缘导线为例进行介绍。

1. 压接前准备工作

（1）检查钳压管长度正确，质量完好。

（2）剥去接头处的绝缘层、半导体层，剥离长度比钳压接续管长 40～60mm。线芯端头用胶带或绑线扎紧，锯齐导线，如图 7-2 所示。

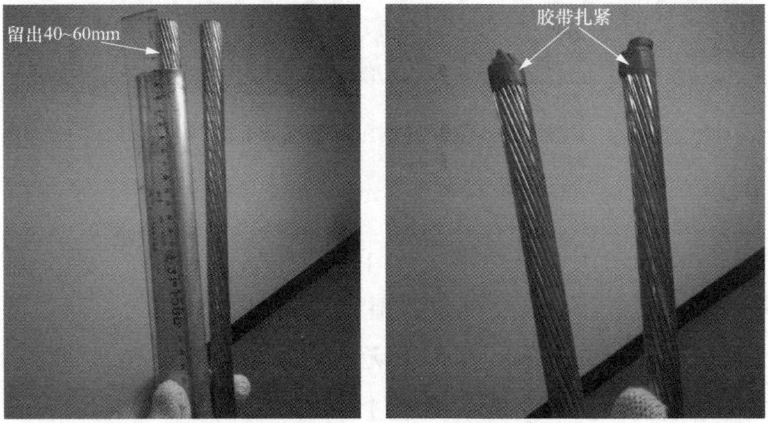

图 7-2 绝缘导线去绝缘层处理

（3）将接续管、线芯先用毛巾和毛刷进行擦洗，并在汽油内进行清洗，晾干后涂上导电膏，如图 7-3 所示。

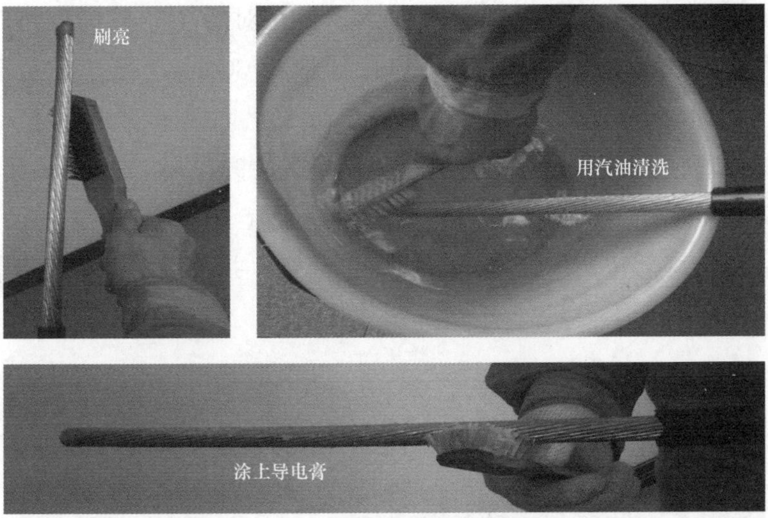

图 7-3　导线清洗

（4）先在两端套入绝缘套管，将绝缘导线线芯穿入压接管内，注意正、副线位置。线芯先压的一端露出 2～3cm，后压的一端露出约 3～4cm，因为在压接过程中，接续管会往另一端延伸。对照表 6-3 对接续管进行压接点尺寸定位，185mm² 绝缘导线对应 150mm² 裸导线，其压接点尺寸定位于 34cm、54cm 和 64cm，见图 7-4。

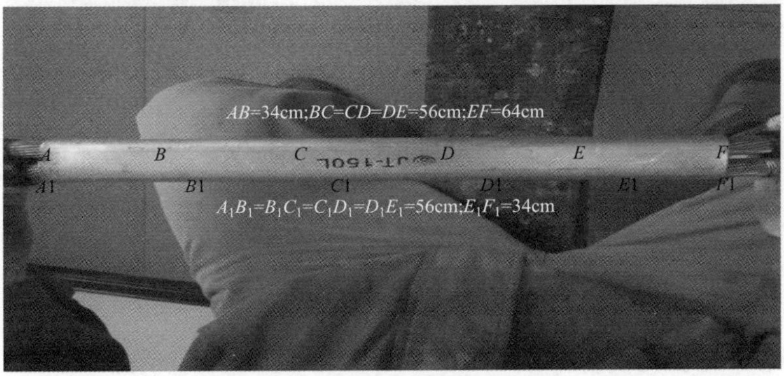

图 7-4　接续管压接点尺寸定位

2. 压接过程

（1）按规定的压接顺序和压口数进行压接，每次压接好在压接钳上停

30s后方可取出，每压接一次应使用游标卡尺对每个压接深度进行测量：185规格绝缘导线使用钳压法时压口尺寸应为30mm，误差不大于1mm；使用液压处理时，接续管压后压痕应为六角形，六角形对边尺寸为接续管外径的0.866倍，最大允许误差为（$0.866\times0.993D+0.2$）mm，其中D为接续管外径，三个对边只允许有一个达到最大值。

（2）压接好后按钳压标准矫直钳压接续管，并使用木锤将接续管整平，如图7-5所示。

图7-5　接续管整平

3. 绝缘处理及恢复

将需进行绝缘处理的部位清洗干净，在钳压管两端口至绝缘层倒角间用绝缘自粘带缠绕成均匀弧形，然后将两端绝缘套管收紧（见图7-6），并在两端和中间处使用绝缘自胶带绑扎处理，必须绑扎两层以上（见图7-7）。

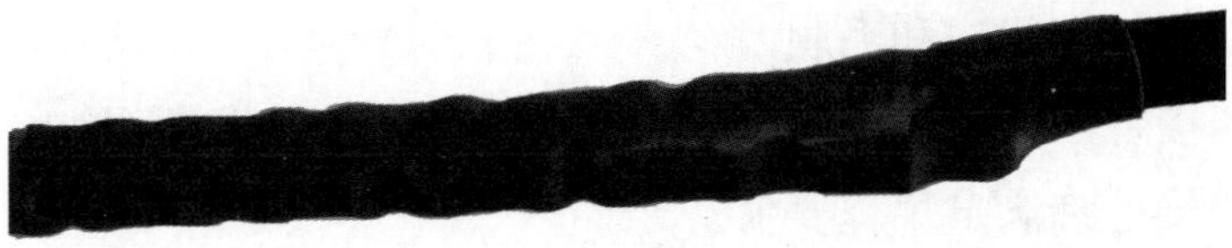

图 7-6 绝缘套管收紧

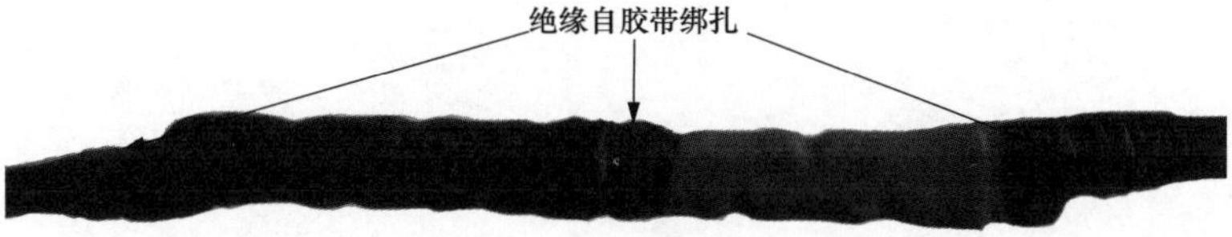

图 7-7 绝缘处理

4. 绝缘导线压接处理要求

(1) 线夹、接续管的型号与导线规格相匹配。

(2) 压缩连接接头的电阻不应大于等长导线的电阻 1.2 倍，机械连接接头的电阻不应大于等长导线的电阻 2.5 倍，档距内压缩接头的机械强度不应小于导线计算拉断力的 90%。

(3) 导线接头应紧密、牢靠、造型美观，不应有重叠、弯曲、裂纹及凹凸现象。

(4) 钳压后，导线端头露出长度为 2～4cm，导线端部绑扎线应保留，如图 7-8 所示。

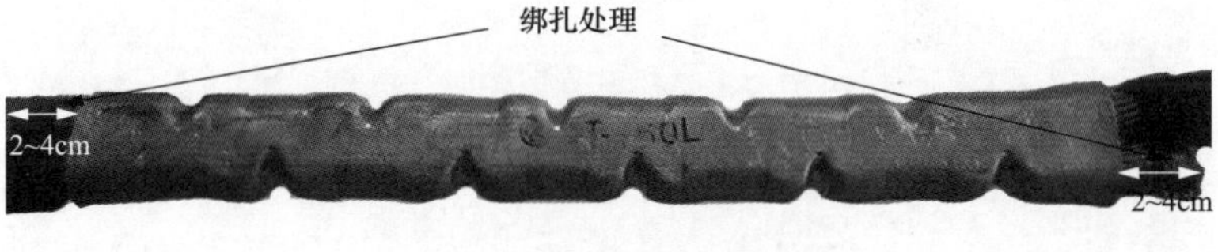

图 7-8 绝缘导线压接要求

(5) 压接后，接续管两端导线不应有抽筋、灯笼等现象；不得出现破碎和裂缝现象；接续管不应有肉眼能看出的扭曲及弯曲现象；校直后不应出现裂缝；应锉掉飞边和毛刺。

（6）压接后，接续管两端出口处、合缝处及外露部分应涂刷电力复合脂。

（7）绝缘处理满足规程要求。

（8）接续管上使用的绝缘罩不得磨损和划伤，安装位置不得颠倒，两端口需绑扎的部分必须用绝缘自粘带绑扎两层以上。

项目八

利用绳索救援高空伤员

【项目描述】

高空救援由于其环境的特殊性，救援者必须由高空作业的人员来担任，也就是受伤人员的同事，因此掌握必要的高空救援技能是高空作业人员的必备技能。只有较好地掌握了这项技能，才能在紧急时刻以安全、便捷、快速的方法，把受伤人员从高空解救下来，为救治争取时间。

任务一　利用绳索救援高空伤员步骤

【任务描述】

本任务通过图解示意，讲解利用绳索高空救援的步骤及注意事项。

【技能要领】

1. 救援工器具的选择

在高空救援时最主要的工器具就是绳索，在救援时绳索必须是白棕绳或其他高强度绳索，绳索的直径应大于 12mm，绳索长度必须超过吊点高度的 2 倍，如图 8-1 所示。

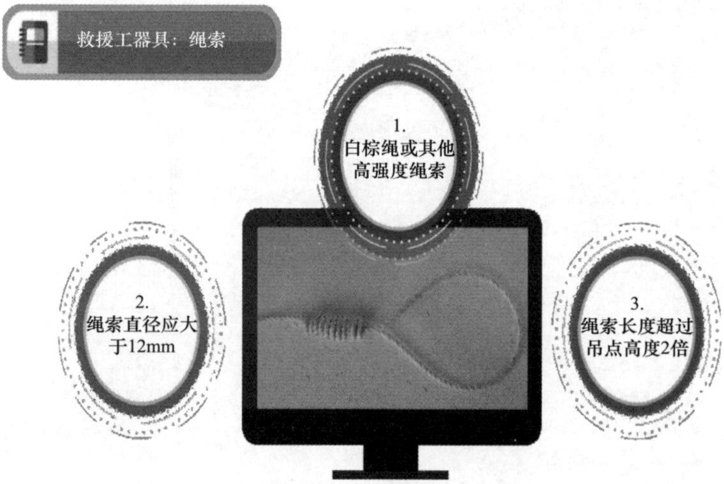

图 8-1　救援绳索的要求

2. 吊点选择

在救援过程中，绳索吊点应选在螺栓或圆周体上，防止救援绳索受损从而发生二次伤害。吊点设置应高于受伤人员被困处，有条件的可以使用钢丝绳套和滑车，如图 8-2 所示。

图 8-2 吊点选择

3. 绳结捆绑

高空救援中主要使用的绳结是水手结（见图 8-3），因为水手结的绳圈不会变大也不会变小，安全牢靠。水手结打结效率高，易打易解。

图 8-3 水手结

水手结的打法是先根据物体的大小将一端绳头折一段，然后将主绳绕折出的一段绳索绕两圈，并将主绳塞入绕出的第一个圈内形成一个小绳环，再将折出的那一端绳头穿过小绳环，两头拉紧即可，如图 8-4 所示。

图 8-4　水手结打法

4. 救援过程

救援者以最快的速度准备好救援工器具后登上电杆或铁塔，找好最佳的固定点，用一根足够长、强度较好的绳子穿过螺栓或横担在伤员的两条大腿上及胸部打上 3 个水手结。绳索理顺后在吊点连接处打一个死结，与另一根绳子穿过滑车、螺栓或横担与捆绑伤员的绳子相连接，控制好后将伤员慢慢放下。放下时注意伤员不能与其他构件磕撞，速度要匀称、缓和，防止突然冲击，以及绳索断裂发生二次伤害（见图 8-5）。高空救援操作者必须在地面进行多次模拟操作培训，通过对作业人员的反复捆绑和试验，掌握绳结的打法、捆绑的位置，以及人体吊落时的受力分布和绳索长短的控制，使伤员放落时能确保两腿受力稍大、背部稍小，确保高空救援万无一失。

图 8-5 高空救援过程

5. 救援注意事项

（1）救援者必须具备较好的高空技能，心理素质好、身体好、体能好、胆大心细、基本功扎实。

（2）救援者能正确使用各种绳结，尤其要熟练打水手结。所打的绳结必须安全牢固，所使用的绳索要有足够的强度。救援要防止绳子被锋利处割断或割伤。

（3）救援者采取的方法要正确、恰当，吊点选择、伤员的捆绑位置要合适，伤员体重较重时宜采取双人杆上救援。

（4）准备车辆及时将伤员送医院治疗，必要时打120急救电话配合救援。

（5）伤员在身体状况没有完全恢复前，必须始终有人陪扶。

（6）发生人身事故必须立即向上级汇报。

（7）时间救援是最紧要的，救援要做到快、准、稳。

（8）在医院人员未做判断和决定前，抢救不能停止，不能放弃。

任务二　多种状态下的伤员高空救援

【任务描述】

本任务主要讲解当伤员处于有意识、无意识或者被困导线、被困半空中的高空救援。

【技能要领】

根据伤员状态可以分为伤员处于意识清楚状态和无意识状态，根据伤员被困位置可以分为杆塔作业范围内的救援、被困导线救援和被困半空救援，在杆塔作业范围的救援可以采用下述救援方法。

1. 有意识伤员的高空救援

线路作业人员在高空作业时最有可发生的伤害是触电、物体打击、中暑等。如果发生人员高空受伤，当伤员有意识，在救援时间不是最重要的情况下可以采用三点固定救援法。但救援者必须具备良好的心理素质、较好的高空作业技能、足够的体能条件、熟练的救援技能，采用现场施工作业的绳索，迅速登上杆塔。做好施救的吊点布置，救援的绳索必须先在地面进行冲击试验，长度大于吊点的2倍，用另一根较短的绳子两端在两条大腿上打好两个水手结（见图8-6），将绳子理顺居中后双股绳在胸部打好一个水手结（见图8-7）。3个结打好后绳子可能偏长，再在吊点处打一个绳结，要确保伤员在起吊时大腿受力多一些，胸部受力小一点（见图 8-8）。再用另一根绳子穿过滑车、螺栓或横担与捆绑伤员的绳子连接，控制好后将伤员慢慢放下。放下时注意伤员不能与其他构件磕撞，速度要匀称、缓和，防止突然冲击，以及绳索断裂发生二次伤害。

图 8-6 三点固定救援法（一）

图 8-7 三点固定救援法（二）

图 8-8　三点固定救援法（三）

2. 无意识伤员的高空救援

当伤员失去意识时，救援任务必须争分夺秒，要采取最快速、最安全、最有效的方法。救援者以最快的速度准备好救援工器具后登上电杆或铁塔，找好最佳的固定点，用一根足够长、强度较好的绳子穿过螺栓或横担在伤员的胸部打一个水手结，确保吊点在胸前、受力点在背上。为了确保伤员背部在救援中不造成二次伤害，绳子必须折成 2～4 股后在伤员胸部打水手结，这样人的重量分散致 2～4 根绳中，避免背部再次受到伤害，如图 8-9 所示。

图 8-9　无意识伤员救援绳结要求

3. 伤员被困导线高空救援

线路作业人员在高空导线上作业时由于触电、物体打击、中暑或者体力不支被困在导线上时，高空救援者必须具备良好的心理素质和较好的高空作业技能，能在单根导线上有较强的平衡能力，轻松地开展简单的救援作业（绑绳结），并有足够的体能条件。登上杆塔后，应做好施救的吊点布置。由于伤员被困导线，吊点必须布置在导线上，对伤员打好绳结后，杆上救援人员必须与杆下人员协调好，在解开伤员安全带和后备保护绳时，杆下拉绳人员确保控制好伤员将其慢慢放下，如图 8-10 所示。

图 8-10　伤员被困导线救援过程

4. 伤员被困半空救援

当线路作业人员由于触电、中暑、注意力不集中或体力不支脱离脚扣而被困半空时，此时需要两个高空救援者相互配合。一个救援者先迅速登上杆塔做好第一个吊点，并用绳索将另一个救援者拉入半空。此时，处于半空的救援者立即打好第二个吊点并对伤员打好绳结，下方拉绳人员控制好绳索依次将伤员和半空救援者匀速放下，如图 8-11 所示。

图 8-11　伤员被困半空救援过程